LED显示屏应用（高级）

组　编　西安诺瓦星云科技股份有限公司

主　编　袁胜春　闫　彪　宗靖国

副主编　姜安国　罗　鹏　周晶晶

参　编　李雪野　李育彬　王建龙　李康瑞　王　栋　李　涛
　　　　马旭强　马保林　楚鹏飞　闫　急　韩小杰　刘　琨
　　　　蒲鹏涛　林创业　陈建涛　罗志星　刘家亮　齐瑞征
　　　　苏　亮　杜长磊　叶　宁　冯思杭　陈　红　姜海波
　　　　梁　伟　王伙荣　白绳武

电子工业出版社·

Publishing House of Electronics Industry

北京·BEIJING

内 容 简 介

本书是"LED 显示屏应用职业技能等级证书"的系列配套教材，内容对应"LED 显示屏应用职业技能等级证书（高级）"的职业技能标准。本书涵盖 LED 显示屏行业的发展历程、LED 显示屏控制系统方案设计、典型 LED 显示屏控制系统方案设计与调试、LED 显示屏效果评估、故障排查方法及工具使用、面向未来的控制系统 COEX 内容。着重讲解典型 LED 显示屏控制方案，包括矩形屏方案、异形屏方案、低延迟显示系统解决方案、远距离传输解决方案、高画质解决方案、集群发布解决方案、交通诱导屏解决方案、分布式解决方案。介绍使用工具和设备进行故障排查的方法，使读者可以进行复杂的 LED 显示屏问题排查。介绍面向未来的控制系统 COEX，以及控制系统的新方向和未来。

本书适合作为职业院校智能光电技术、物联网、应用电子专业的教材，也适合作为 LED 显示屏行业技术人员的参考资料。

图书在版编目（CIP）数据

LED 显示屏应用：高级 / 袁胜春，闫彪，宗靖国主编. —北京：电子工业出版社，2023.10

ISBN 978-7-121-46485-0

Ⅰ．①L… Ⅱ．①袁… ②闫… ③宗… Ⅲ．①LED 显示器－职业教育－教材 Ⅳ．①TN141

中国国家版本馆 CIP 数据核字（2023）第 194271 号

责任编辑：张镨丹

印　　刷：北京虎彩文化传播有限公司

装　　订：北京虎彩文化传播有限公司

出版发行：电子工业出版社

　　　　　北京市海淀区万寿路 173 信箱　　　　邮编：100036

开　　本：880×1230　1/16　　印张：12.5　　字数：245 千字

版　　次：2023 年 10 月第 1 版

印　　次：2024 年 5 月第 2 次印刷

定　　价：76.00 元

凡所购买电子工业出版社图书有缺损问题，请向购买书店调换。若书店售缺，请与本社发行部联系，联系及邮购电话：（010）88254888，88258888。

质量投诉请发邮件至 zlts@phei.com.cn，盗版侵权举报请发邮件至 dbqq@phei.com.cn。

本书咨询联系方式：（010）88254549，zhangpd@phei.com.cn。

我国是 LED 显示屏的生产大国，全球超过 80%的 LED 显示屏都是中国生产的。我国也是全球 LED 显示屏应用最广泛的市场之一，市场份额约占全球的 60%。LED 的物理属性决定了其在亮度、色域、对比度等方面的先天优势，以及用来构建完整显示器的最小单元之间连接方式的高度灵活性，使得 LED 显示屏已经在越来越多的应用场景中逐步取代了传统的液晶屏和投影机。近年来，LED 显示屏行业保持着迅猛的发展势头，无论是上下游产业链的生产制造规模，还是整个行业的需求规模都在不断扩大，预计在 5 到 8 年内整个产业将达到万亿级规模。随之而来的是行业技术人员的严重缺乏，这在一定程度上将制约 LED 显示屏行业的发展。

《国家职业教育改革实施方案》的发布，为众多企业指明了方向，要从根本上解决行业应用型技术人才的短缺，应该从源头抓起，将产业需求、岗位特征、行业技能等知识内容融入学校教育阶段。要面向职业院校，着力培养高素质、高技能的应用型技术人才。为了推动行业需求融入学历教育，解决行业人才供需矛盾，西安诺瓦星云科技股份有限公司（以下简称"诺瓦星云"）申请成为教育部"1+X"证书培训评价组织，联合众多院校开展"LED 显示屏应用职业技能等级证书"的试点工作，为此专门开发系列配套教材。全系列教材共 7 本，分别是《LED 显示屏应用（初级）》《LED 显示屏应用（中级）》《LED 显示屏应用（高级）》《LED 显示屏校正技术》《LED 显示屏视频处理技术》《光电显示系统设计与实施》《显示系统调试与故障排查》。

本书为系列教材中的高级教材《LED 显示屏应用（高级）》，由多位资深工程师基于多年的行业实践及培训经验，结合行业实际案例联合编撰而成。介绍了行业的发展历程、控制系统的方案设计、通过 LED 实际应用场景提炼常见的控制系统方案，以及在 LED 显示屏项目交付时，如何进行效果评估及显示故障的排查，还介绍了控制系统的发展方向及产品。所有内容紧扣当前行业的应用场景，读者可将所学内容无缝衔接应用至实际工作。

党的二十大报告指出，"教育、科技、人才是全面建设社会主义现代化国家的基础性、战略性支撑"，深入实施人才强国战略，培养造就大批德才兼备的高素质人才，是国家和民族长远发展大计。新型显示产业是我国电子信息产业的基石之一，也是新一代信息技术产业的先导性支柱产业，急需高端技术技能人才的支撑。

希望通过对本书的学习，读者对 LED 显示屏应用有更深刻的认识，成为 LED 控制系统的行业专家。行业需要更多的年轻人一起耕耘，市场也需要更多的有识之士一起开拓！期待着未来的某一天，在如世界杯、奥运会等大型项目现场能够出现各位的身影，借着 LED 之"帆"走出校门、走出国门、走向世界！

本书由袁胜春、闫彪、宗靖国任主编，姜安国、罗鹏、周晶晶任副主编，参与本书编写的还有李雪野、李育彬、王建龙、李康瑞、王栋、李涛、马旭强、马保林、楚鹏飞、闫急、韩小杰、刘琨、蒲鹏涛、林创业、陈建涛、罗志星、刘家亮、齐瑞征、苏亮、杜长磊、叶宁、冯思杭、陈红、姜海波、梁伟、王伙荣、白绳武。由于编者水平和时间有限，书中难免存在不足之处，敬请广大读者批评指正。

编者

目 录

VII

第 1 章

LED 显示屏行业的发展历程

　　人类自诞生伊始，对世界的第一感知便是那一抹光亮。在漫长的历史长河中，从钻木取火到油灯照明，到第一颗白炽灯的出现，标志着人类从漫长的自然照明和火光照明时代跨进了电气时代，揭开了人类照明史上的新篇章。

　　以白炽灯为代表的第一代光源，以荧光灯为代表的第二代光源，以高压钠灯为代表的第三代光源已逐渐淡出历史舞台，如今以 LED 灯为代表的第四代光源处于照明世界的中心，光源的发展如图 1-1-1 所示。

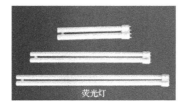

图 1-1-1　光源的发展

　　LED 是一种半导体发光器件，它利用固体半导体芯片作为发光材料，当向其两端施加正向电压时，半导体中的载流子发生复合引起光子发射而产生光。LED 具有节能、环保、寿命长、体积小等特点。

　　1962 年，GE、Monsanto、IBM 的联合实验室开发出了发红光的磷砷化镓（GaAsP）半导体化合物，从此可见光 LED 逐渐步入商业化发展进程。

　　1968 年，LED 的研发取得了突破性进展，利用氮掺杂工艺可使磷砷化镓 LED 的效率提升到 1lm/W，并且能够发出红光、橙光和黄光。

　　1971 年，业界又推出了具有相同效率的磷化镓绿光 LED。

　　20 世纪 70 年代，LED 在家庭与办公设备中大量应用，价格直线下跌。当时，LED 的主打市场是数字与文字显示技术应用领域。

　　1993 年，第一只蓝光 LED 在氮化镓基片上研制成功，由此引发了对氮化镓基 LED 研究和开发的热潮。蓝光 LED 成功开发，标志着三原色（红、绿、蓝）都已齐备，为 LED 在彩色直显相关领域的应用铺平了道路。

　　随着人们对半导体发光材料研究的不断深入，各种颜色的超高亮度 LED 的研发取得了突破性进展，发光效率快速提升。超高亮度白光 LED 的出现，使 LED 应用领域跨越至高效率照明光源市场。

　　现在，LED 的应用主要分为背光源、显示屏、电子设备及其他、汽车、照明，如图 1-1-2 所示。

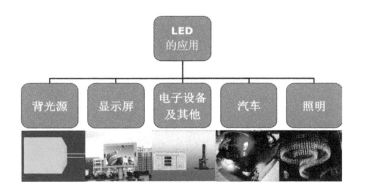

图 1-1-2　LED 的应用

1.1　LED 应用的发展历程

　　LED 在显示端的应用主要分为背光和直显两大部分。LED 背光一般用于以液晶面板为显示媒介的终端设备，通常和生活息息相关。目前，大部分电视机、显示器和智能手机采用 LED 作为背光光源的液晶面板。日常生活中所说的 LED 电视，一般指的是采用 LED 作为背光光源的液晶电视。

　　LED 在直显领域的应用目前主要集中在商用场合，其应用场景可分为室外和室内两大类。其中，室外 LED 显示屏一般对于亮度、防水、防尘等要求较高，点间距较大，而室内 LED 显示屏则对画质的要求较高。随着显示技术的发展，近年来 LED 的点间距持续缩小，未来有希望进入体量巨大的消费级市场。

▶ 1.1.1　LED 背光应用的发展历程

　　LED 背光液晶屏的结构如图 1-1-3 所示，液晶分子作为不发光的有机分子，其主要作用是通过玻璃电极调整液晶两侧的不同电压，使液晶分子发生不同程度的偏转，从而控制背光源透过光线的多少，通过调节不同类型的滤光片来生成不同的颜色，如图 1-1-4 所示。也就是说，液晶屏本身不发光，而是通过背光模块来提供光源，与前端的液晶分子和偏光板等相互配合，从而实现不同颜色的呈现。

　　传统的 LED 背光多以灯条的形式实现。以液晶电视为例，一般有数条灯条平行放置于液晶屏后部，为了保证发光的均匀性，通常灯条上面还需要覆上一层扩散板（膜）。这类灯条平行放置于液晶屏后方的结构叫作直下式背光，如图 1-1-5 所示。光线从灯条发出，通过扩散板之后，线光源被转换为较均匀的面光源。为保证光源的均匀性，灯条与扩散板之间会有一定的距离。通常情况下，距离越小，形成的面光源均匀性越差（越靠近发光芯片的部分越亮）。而在距离较远的情况下，人眼视觉能感受到的差异越小。因此，直下式背光主要应用于电视机等大型显示设备。

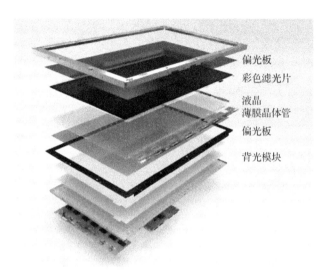

图 1-1-3　LED 背光液晶屏的结构

液晶亮度的控制原理

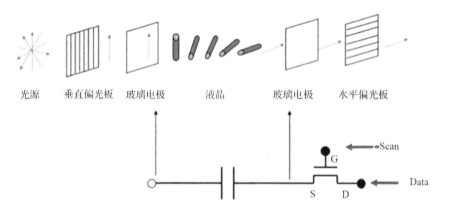

光源　垂直偏光板　玻璃电极　液晶　玻璃电极　水平偏光板

图 1-1-4　液晶分子偏转

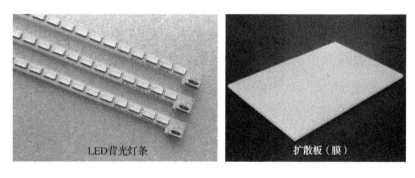

LED背光灯条　　　扩散板（膜）

图 1-1-5　直下式背光

对于手机、平板等对轻薄性能要求更高的设备，一般使用侧入式背光，如图 1-1-6 所示。背光灯条放在导光板的侧面，通过导光板引导光线的散射方向，使其分布更加均匀，加上扩散板等膜材来实现白光的均匀输出。

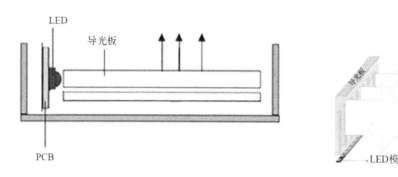

图 1-1-6　侧入式背光

背光技术的发展离不开另一种技术的支持——OLED（有机发光二极管）。OLED 是一种利用多层有机薄膜结构产生电致发光的器件，它制作容易，而且需要的驱动电压较小，这些主要特征使得 OLED 在满足平面显示器的应用上优势非常突出。OLED 显示屏比液晶屏轻薄、亮度高、功耗低、响应快、清晰度高、柔性好、发光效率高，能满足消费者对显示技术的新需求。当前消费市场上，中高端手机基本实现了 OLED 的全覆盖，在高端电视、平板和显示器领域，OLED 也有一定程度的渗透。但由于 OLED 为有机物直接发光，有机物不稳定导致的烧屏等问题仍然比较突出，所以对其应用普及性的提升有一定影响。

相比较而言，LED 背光技术稳定很多，广泛应用于电视机、显示器、平板等设备。随着 LED 发光芯片的微型化，耐用消费产品的龙头如兆驰、中麒光电、雷曼光电等都以极大的热情投入 Mini LED 背光技术的研发，Mini LED 的工作原理如图 1-1-7 所示。传统的 LED 背光以灯条的形式存在，以液晶电视为例，一般一台液晶电视的背光灯为几十颗，且一直处于常亮状态。由于液晶分子的物理特性限制，当显示全黑的画面时，液晶分子的偏转并不能保证完全阻挡光线穿过液晶面板，因此存在漏光导致的对比度不高、功耗较高等问题。但 Mini LED 的背光灯一般在数千颗到数万颗不等，每颗背光灯都对应前端某部分的显示像素，且可以通过计算对应区域的显示信号来调节自身的亮度，因此黑色更纯净，对比度更高，从而可达到降低功耗、提升亮度的目的。

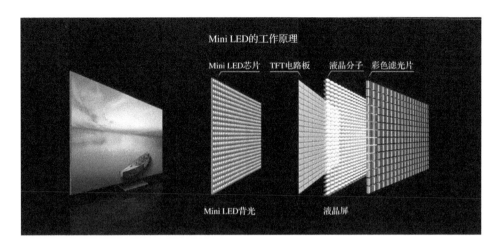

图 1-1-7　Mini LED 的工作原理

1.1.2　LED 直显应用的发展历程

LED 作为发光元器件，是如何做到可以显示如此丰富多彩的画面呢？在了解 LED 直显应用的发展历程之前，我们先简单了解下 RGB 色彩模式。

人眼能够看到物体，是因为有光线直接或经过反射进入眼球。而光本质上是一种电磁波，电磁波的范围很广泛，从波长最小的 10^{-14}m 的 γ 射线到波长最大可达几千米的无线波电，都可以叫作电磁波。人眼大概可以看到波长范围为 380nm 的紫光到 760nm 的红光的电磁波，因此这一部分也叫作可见光，如图 1-1-8 所示。

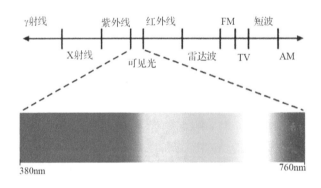

图 1-1-8　可见光

不同人的视觉系统不尽相同，但整体大致在这个区间里。人类发明的各种显示设备，从早期的显像管电视机、投影仪，到各类使用液晶屏或 OLED 显示屏的 IT 设备，以及 LED 显示屏等，无论其成像原理如何，首先需要能够生成一定的色彩。

众所周知，太阳光是包含紫外线、可见光和红外线的复合光。牛顿曾经做过著名的棱镜色散实验，表明白光是由各单色光以一定比例组成的复合体，不同颜色的光有不同的折射性能，为颜色理论奠定了基础。后来通过研究发现，将不同比例的单色光混合在一起，可以生成不同的颜色。根据应用场景的不同，人们建立了各种各样的色彩模式，其中最重要、应用最广的是 RGB 色彩模式。

RGB 色彩模式如图 1-1-9 所示，将红、绿、蓝三色按照不同的亮度比例混合，理论上可以显示自然界中的绝大多数色彩，这也是红、绿、蓝被称为三原色的原因。而不同的显示设备能够显示的色域范围和其材料、工艺等相关。如果要生成五彩斑斓的颜色，就需要红、绿、蓝三色 LED，缺一不可。红、绿、蓝三色的 LED 光源分别在 20 世纪 60 年代、70 年代和 90 年代被发明，随后逐渐进入商用领域。

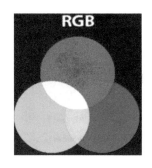

图 1-1-9　RGB 色彩模式

LED 直显应用的发展历程大致经历了如下 3 个阶段。

1. 单色显示阶段

20 世纪 60 年代，红光 LED 被发明并进入商用领域。因为只能显示单一红色，故其应用主要以简单图案为主，主要用于各类通知、通告和客流引导系统等显示场景。

2. 双色多灰度显示阶段

20 世纪 70 年代初期，绿光 LED 被发明后，LED 显示屏进入双色多灰度显示阶段。较落后的材料、工艺水准和以通信控制为主的控制技术，都影响了其显示效果。更关键的是，由于缺乏蓝光 LED，无法建立 RGB 色彩模式，因此无法显示高品质图像，导致 LED 的应用场景没有本质上的改变。

3. 全彩多灰度显示阶段

直显领域具有里程碑性质的事件是 1993 年蓝光 LED 的发明。红、绿、蓝三色 LED 的制造技术都已实现，为开启更加广阔的 LED 商用显示市场铺垫好了基础。20 世纪 90 年代中期，随着材料科学和工艺的改进，产业链逐步壮大，成本快速下降，LED 显示屏产业总体进入了快速发展的阶段。

LED 的应用场景逐步拓展到证券信息、机场码头的动态信息提示、体育场馆的赛场相关信息、户外广告、道路交通疏导、调度和监控中心、演唱会和综艺节目舞台及各种大型发布会等，截至 2022 年年底，已经发展成为一个千亿规模的庞大产业。

4. 未来发展趋势

在直显市场，小间距 LED（P2.5 以下）目前已经是大屏拼接市场最主要的产品，具有无限扩展、无拼缝、高亮度、广色域、高可靠性等性能优势，加上成本快速下降，所以对液晶屏拼接和投影市场产生了巨大冲击。现在，超半数的 LED 显示屏点间距在 P1.6 以下，未来点间距还会继续缩小。从 LED 显示技术发展的角度来看，除了可以结合智能应用、云平台操控、裸眼 3D 和 VR 技术等，增加显示效果的创意，点间距缩小的趋势还衍生出了 Mini & Micro LED 技术的探索之路。

Micro LED 技术的研发推动 LED 显示屏产品走向更大的市场空间，未来的 LED 显示不仅从室外走向室内，应用场景还从商用扩展到家用，变身 LED 大电视、智能手表等普通民众经常接触的家电或 3C 产品，与液晶屏和 OLED 正面交锋。目前，整个 LED 显示屏行业对此的投资和研发热情高涨，正在为开拓这个万亿规模的市场而努力。

1.2 LED 技术及其发展

1.2.1 LED 显示屏技术及其发展

1. LED 显示屏技术

LED 灯珠经过封装后，通过固定的方式排列在 PCB（Printed Circuit Board，印制电路板）上形成 LED 灯阵列，加上外围的驱动电路组成的单元叫作 LED 模组（又称 LED 灯板）。多个 LED 模组通过规则的组合加上接收卡、电源形成的单元叫作 LED 箱体。LED 显示屏是通过多个 LED 箱体排列组合而成的，这个时候 LED 显示屏不能被点亮显示有效内容，需要专用的控制器和视频源。

视频源的来源可以是计算机、播放器、媒体服务器、摄像机等器材。这些器材将视频源输出到 LED 控制器中，LED 控制器对视频源进行解码、格式转换、图像切割等处理后将最终适用于 LED 显示屏的数据格式输出到 LED 箱体内的接收卡中，通过接收卡控制 LED 发光芯片的亮暗和颜色，从而使 LED 显示屏上显示出所需内容。LED 显示的拓扑系统结构如图 1-2-1 所示。

从整个 LED 显示的结构上来看，LED 显示屏技术包含 LED 显示屏控制系统技术、LED 驱动技术、LED 显示屏校正技术、LED 封装技术、LED 发光芯片技术等。

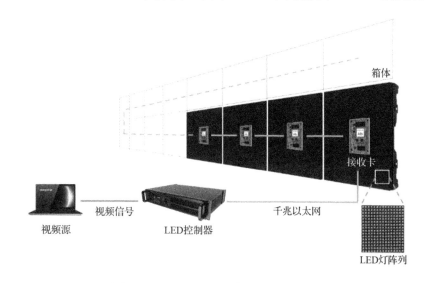

图 1-2-1　LED 显示的拓扑系统结构

2．LED 显示产业链构成

LED 显示屏的各技术环节紧密结合起来，可以形成 LED 显示产业链，LED 显示产业链分为芯片端（上游）、封装端（中游）和显示屏端（下游）3 个环节，如图 1-2-2 所示。

图 1-2-2　LED 显示产业链

芯片端主要指外延片生产，即 LED 发光芯片及相关材料，就是将 LED 发光芯片制造出来的环节。芯片端所需的技术涵盖化学、物理等基础学科知识，所以芯片端的技术门槛较高，也是影响整个 LED 显示产业链发展的源头。

封装端主要指 LED 发光芯片的封装，即将 LED 发光芯片封装成一颗颗像素单元。这个环节涉及的产品通常有 DIP 封装的 LED 发光单元、SMD 封装的 LED 发光像素等。这个环节将芯片端的产品通过一定的工艺技术形成便于拾取、焊接的形态。

显示屏端主要指 LED 显示成品，也就是 LED 显示模组、LED 箱体、LED 显示屏。这个环节涉及的产业较多，如驱动芯片产业、电源产业、控制系统产业、五金箱体产业等。

3．关键技术发展时间线

LED 显示屏经历了从室外超大间距到室内小间距，再到现在的室内超小间距的过程，如图 1-2-3 所示。其中主要的原因是 LED 发光半导体在早期存在发光效率低、显示颜色单一的问题，故只能应用于一些简单的显示领域，如只能显示文字的门头广告、只能显示符号和简单颜色的交通指示。直到解决了发光效率的问题，LED 显示才开始进入全彩时代，但当时 LED 显示屏的点间距还非常大，主要用于室外的广告播放、信息告示等超远距离观看的场景。

随着技术的发展，SMD 封装技术出现，使 LED 显示屏的点间距可以达到 P3.9 甚至 P2.5，此时 LED 显示屏可以安装在室外较近距离观看的场所，如演唱会、社区广场等，甚至有些开始进入了室内显示。当 LED 显示屏的点间距可以达到 P2.0 以下时，室内的很多场所就可以看到 LED 显示屏的身影了，如商场的扶梯、室内门店的门口、企业的展厅等。推动 LED 显示发展和进入新领域的是技术的不断创新，不同点间距带来的应用场景是不同的，所需的技术和需要解决的问题也是不同的。

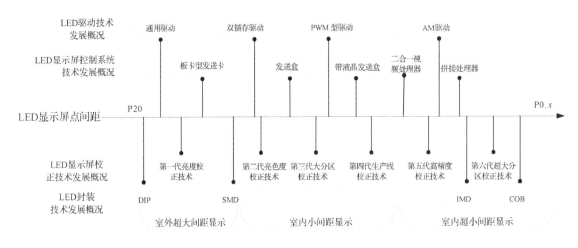

图 1-2-3　LED 显示屏点间距的发展历程

1.2.2　LED 发光芯片技术及其发展

LED 发光的原理很简单。首先 LED 发光芯片必须有 PN 结，其中 P 区主要以空穴为主，N 区主要以电子为主，P 区和 N 区接触的地方就叫作 PN 结，如图 1-2-4 所示。其次当正向增加偏执电压时，P 区和 N 区的载流子向对方涣散，导致电子和空穴迁移，此时电子与空穴进行复合产生能量，这个能量会被转化成光子的形式发出。而发光的颜色主要取决于所发光的波长，光的波长是由 PN 结的材料决定的。

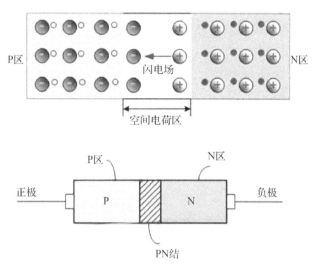

图 1-2-4　PN 结

在 LED 发展过程中，其芯片技术经过了多次革新和演变。最初由于工艺技术的原因导致 LED 发光芯片的 PN 结会做得很大，间接影响了 LED 灯珠的大小。随着工艺技术及 LED 发光芯片结构的不断发展，LED 发光芯片做得越来越小，甚至到 100μm 及以下尺寸。

目前 LED 发光芯片主要有 3 种结构，最常见的是正装结构，除此之外还有垂直结构及倒装结构，如图 1-2-5 所示。

正装结构是最早出现的芯片结构，也是 LED 显示屏中普遍使用的芯片结构。在该结构中，电极在上方，从上至下依次为 P-GaN、多重量子井、N-GaN、衬底。

垂直结构采用高热导率的金属衬底（Si、Ge 和 Cu 等）取代蓝宝石（Sapphire）衬底，在很大程度上提高了散热效率；垂直结构的 2 个电极分别在 LED 外延层的两侧，通过 N 电极，电流几乎全部垂直流过 LED 外延层，横向流动的电流极小，可以避免局部高温。

倒装结构由上至下分别为衬底（一般为蓝宝石衬底）、N-GaN、多重量子井、P-GaN、电极（P 电极和 N 电极）、凸点。衬底朝上，2 个电极在同一面（朝下），凸点与基座（有时也叫基板，如 PCB 基板）向下直接相连，不仅大大增强了芯片的导热能力，而且提供了更高的发光效率。

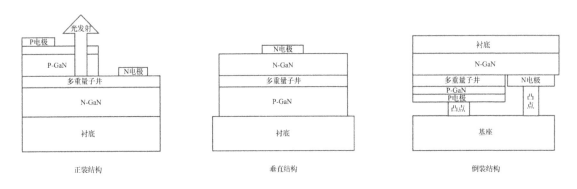

图 1-2-5　LED 发光芯片的结构

1.2.3　LED 封装技术及其发展

在 LED 显示屏的发展历程中，封装是必不可少的一个环节。封装的作用是将外引线连接到 LED 发光芯片的电极上，同时保护好 LED 发光芯片，并且提高发光效率。好的封装可以让 LED 显示屏具备更高的发光效率和更好的散热环境，进而提升 LED 显示屏的寿命。

从 LED 显示屏的发展历程来看，依次出现的封装技术是 DIP（Dual In-line Package，双列直插封装）、SMD（Surface Mount Device，表面安装器件）、IMD（Integrated Matrix Device，集成矩阵器件）、COB（Chip On Board，板上芯片）和 MIP（MicroLED In Package，微型 LED 封装）。

采用 DIP 封装技术的显示屏，通常被称为直插显示屏，如图 1-2-6 所示。LED 灯珠由灯珠封装厂家生产，由 LED 模组和显示屏厂家将其插到 LED 的 PCB 模组上，经过波峰焊接制作出 DIP 的半室外模组和室外防水模组。

图 1-2-6　直插显示屏

采用 SMD 封装技术的显示屏，通常被称为表贴显示屏，如图 1-2-7 所示。这种封装技术是将 RGB 三颗灯珠封装在一个灯杯内形成一个 RGB 像素。SMD 封装技术生产的全彩 LED 显示屏整屏视角相对 DIP 封装技术较大，且表面可以做光漫反射处理，效果颗粒感较 DIP 封装技术弱很多，亮色度均匀性很好。

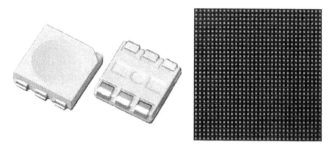

图 1-2-7　表贴显示屏

采用 IMD 封装技术的显示屏，通常被称为多合一式显示屏，如图 1-2-8 所示。IMD 封装技术是将多个 RGB 像素封装在一个大的灯杯上，其本质还是属于 SMD 封装技术的范畴。采用 IMD 封装技术，除可以利用 SMD 封装技术现成的工艺技术以外，还可以将点间距做得很小，突破 SMD 封装技术的间距壁垒。

图 1-2-8　多合一式显示屏

采用 COB 封装技术的显示屏，其方法是先将 LED 发光芯片直接焊接在 PCB 上，再封一层树脂胶，如图 1-2-9 所示。COB 封装技术省去了像 SMD 封装技术那样先将 RGB 的 LED 发光芯片封装在灯杯上形成一个个像素的环节，同时省去了 SMD 封装技术混灯的过程。所以，COB 封装技术的显示均匀性较差，需要通过 LED 显示屏校正技术解决其均匀性。但是，COB 封装技术的显示屏更接近面光源，每个像素的出光角度非常广，而且防护性能优秀，可以将点间距做得很小。

图 1-2-9　COB 显示屏

MIP 封装技术其实更像 SMD 封装技术和 COB 封装技术的中间技术。其方法是先将 LED 发光芯片放在一块 PCB 上，然后将 PCB 切割为一个个像素的大小。这样就可以做到像 SMD 封装技术那样混灯，保证了天生均匀性的同时兼顾了防护性，如图 1-2-10 所示。

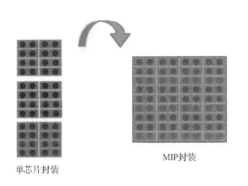

单芯片封装

MIP封装

图 1-2-10　单芯片封装与 MIP 封装

▶ 1.2.4　LED 驱动技术及其发展

驱动芯片一般称为驱动 IC。早期，LED 显示屏应用以单双色为主，采用恒压驱动 IC。1997 年，我国出现了首款全彩 LED 显示屏专用驱动 IC，从 16 级灰度跨越至 8192 级灰度。随后，针对 LED 发光特性，恒流驱动成为全彩 LED 显示屏驱动的首选，同时集成度更高的 16 通道驱动替代了 8 通道驱动。20 世纪 90 年代末期，日本 Toshiba、美国 Allegro 和 Ti 等企业相继推出了 16 通道的 LED 恒流驱动 IC。21 世纪初期，我国企业的驱动 IC 也相继量产和使用。如今，为了解决小间距 LED 显示屏 PCB 布线的问题，一些驱动 IC 厂家又推出了高集成度的 48 通道的 LED 恒流驱动 IC。

在全彩 LED 显示屏的工作当中，驱动 IC 的作用是接收符合协议规定的显示数据（来自接收卡信息源），在内部生产 PWM（脉冲宽度调制）与电流时间变化，输出与亮度、灰度刷新等相关的 PWM 电流来点亮 LED 灯珠。LED 驱动 IC 可分为通用 IC 和专用 IC 两种。通用 IC 并非专门为 LED 显示屏设计，而是一些与 LED 显示屏部分逻辑功能相符合的芯片，其架构图如图 1-2-11 所示；专用 IC 是按照 LED 发光特性设计的，专门用于 LED 显示屏的驱动 IC，其架构图如图 1-2-12 所示。LED 是电流特性器件，其亮度随着电流的变化而变化，但是电流变化会导致 LED 发光芯片的波长变化，间接导致 LED 发光芯片颜色不正，专用 IC 一个最大的特点就是可以提供恒流源。恒流源可以保证 LED 的稳定驱动，消除 LED 的闪烁和颜色不正现象，是 LED 显示屏显示高品质画面的前提。

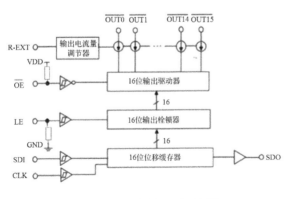

图 1-2-11　通用 IC 架构图

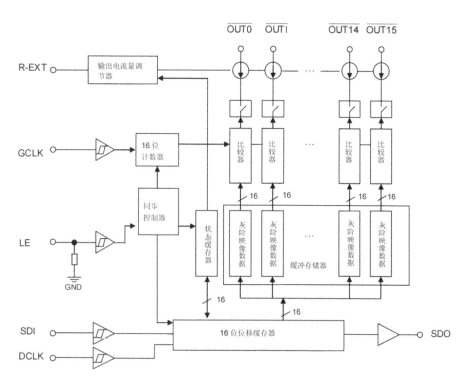

图 1-2-12　专用 IC 架构图

以上驱动 IC 的方式被称为 PM（Passive Matrix）型驱动，PM 型驱动又称被动式驱动或无源选址驱动，如图 1-2-13 所示。如今随着 Micro LED 和 Mini LED 的出现，显示屏的点间距不断缩小，驱动器件的密度也随之增加，PCB 布线更加拥挤，影响显示屏可靠性，促使驱动 IC 走高集成路线，这就需要更高的扫描数。但是，PM 型驱动的扫描数越高，显示效果越差。

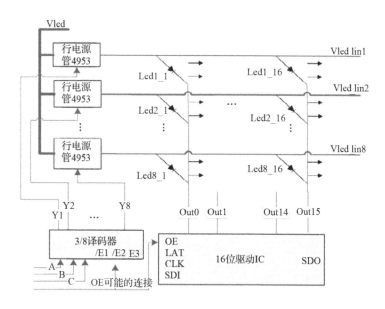

图 1-2-13　PM 型驱动

AM 型驱动又称主动式驱动或有源选址驱动，如图 1-2-14 所示。AM 型驱动与

PM 型驱动的对比如表 1-2-1 所示。从人眼观测来看，AM 型驱动看起来不会闪烁，人眼舒适性更佳；从功耗来看，AM 型驱动功耗更低；从芯片数量来看，由于 AM 型驱动的集成度更高，所以芯片数量更少。

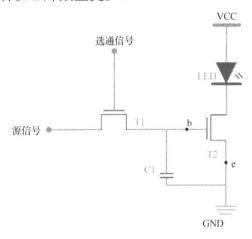

图 1-2-14　AM 型驱动

表 1-2-1　AM 型驱动与 PM 型驱动的对比

驱动方式	人眼观测	功耗	芯片数量
PM 型驱动	会闪烁，人眼不舒适	每颗灯珠毫安级别功耗	功耗高，集成度低，芯片相对较多
AM 型驱动	不会闪烁，人眼舒适	每颗灯珠微安级别功耗	功耗低，集成度高，芯片相对较少

1.2.5　LED 显示屏控制系统技术及其发展

LED 显示屏控制系统是显示优良画质的关键，画质的提升大部分通过控制系统完成。其中，最基本的控制系统是由控制软件（上位机软件）、控制器（独立主控）、接收卡组成的，控制软件最主要的作用是对显示屏进行各项参数的配置；控制器最基本的作用是对视频源进行图像切割；接收卡的作用是将控制器送出的视频源按照一定的时序进行输出，从而点亮整块显示屏。

1. 控制器的发展历程

控制系统作为 LED 显示屏的"中枢系统"，最初以板卡形式出现，典型产品如诺瓦星云的 MSD300。后来由于显示屏点间距和应用场景的发展，逐渐出现了机箱型控制器，典型产品如诺瓦星云的 MCTRL600。再往后由于 LED 显示屏进入室内、小型租赁等场景，对于简单的显示屏调节有一定需求，控制器的形态也出现了变化，增加了前面板液晶调试功能，典型产品如诺瓦星云的 MCTRL660。随着显示屏点间距的不断缩小，市场上的 4K 显示屏逐渐增多，这个时候对于单个控制器的带载量提出了要求，需要一台控制器可直接带载 4K 分辨率的点数，于是 16 网口的控制器应运而生，典型产品如诺瓦星云的 MCTRL4K。随着显示屏点间距的不断缩小、应用场景的逐渐扩大，对控制器的性能要求也越来越多，出现了带有视频处理功能的控制器，典型产品如诺瓦星云的 V700、V900、V1260 等。一些工程项目上还会要求一定的大屏拼接功能，市场上便出现了带有拼接功能及视频处理功能的控制器，典型产品如诺瓦星云的 H2、H5、H9 等 H 系列拼控，如图 1-2-15 所示。

图 1-2-15　控制器的发展历程

2. 接收卡的发展历程

在接收卡的发展历程中，由于最初 LED 显示屏多用于室外，为了安装和维护的便捷，接收卡多以自带 HUB 接口的居多，如诺瓦星云的 DH426。当 LED 显示屏由室外走到室内，对于画质、带载、结构的要求越来越高时，便出现了高密接口的接收卡，其体积也随之变小，如诺瓦星云的 Armor 系列。随着点间距和新的封装技术的出现，LED 显示屏逐渐应用于一些高端领域，如家庭影院、教育医疗等，对控制系统提出了更高的要求，不仅要求更高的画质，还要求更高的帧频，保证可以更好、更真实地还原世界，这个时候就需要更高带宽的接收卡，如诺瓦星云的 5G 接收卡 CA50。

随着 Mini LED 和 Micro LED 技术的发展，对 LED 显示屏的要求越来越高，不仅需要更高的画质和更大的带载，而且需要更轻薄、更符合工程学、更灵活的结构设计，这个时候就需要控制芯片级的接收卡来适应这种市场的需求，如图 1-2-16 所示。

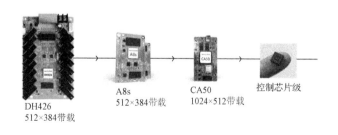

图 1-2-16　接收卡的发展历程

第 2 章

LED 显示屏控制系统方案设计

LED 显示屏项目能够顺利开展并达到预期目标，离不开完备的项目方案。一个 LED 显示屏控制系统方案的设计都需要经过哪些步骤？在设计时都有哪些应当特别注意的指标、参数？

LED 显示屏控制系统方案设计流程主要包括需求收集与确认、方案设计、方案评审、方案实施、方案交付 5 个阶段，其流程图如图 2-1-1 所示。

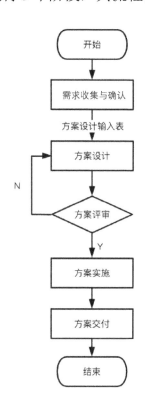

图 2-1-1　LED 显示屏控制系统方案设计流程图

2.1　需求收集与确认

2.1.1　需求收集

需求收集是指对项目干系人提出的"要求"或"需求"进行深入细致的调研和分析，准确理解用户和项目的功能、性能、可靠性等具体要求，将用户非形式的需求表述转化为完整的需求定义，从而明确系统必须做什么，为系统设计、系统完善和系统维护提供依据。

需求收集是项目计划阶段中的重要环节，该环节决定了系统功能需要实现什么，并为如何实现提供明确的方向。

在一般情况下，根据对象不同，需求分为业务需求、用户需求、功能需求等，有些需求是伪需求，不具备实现价值。对于用户需求，还要通过真实性、价值性、可行性 3 个维度进行筛选，过滤掉虚假、不可行、无价值等类型的伪需求，从而提炼出用户的本质需求，找出"为什么要做"比"做什么"更重要。

需求还可分为明确需求和暗示需求。明确需求就是项目负责人对于难点、重点、困难的具体陈述；暗示需求就是项目负责人对于难点、重点、困难的模糊陈述。例如，用户说显示屏的显示效果不好，这就是一个暗示需求，应该尝试挖掘为明确需求，应该通过"您指哪方面的效果不好？"这样的问题加以引导。

以 $APPEALS 模型为例，用户会对方案有如下 8 个维度的需求。

$：价格（Price）；

A：可获得性（Availability）；

P：包装（Packaging）；

P：性能（Performance）；

E：易用性（Easy to Use）；

A：保障性（Assurances）；

L：生命周期成本（Life Cycle Cost）；

S：社会接受程度（Social Acceptance）。

应根据项目的倾向性和重点关注点，对需求重要性进行排序，方便方案设计人员根据需求重要性排序合理进行方案设计和设备配置。

需求收集过程就是了解项目目前需要的是什么，最迫切需要解决的问题是什么。

LED 显示屏的需求一般来自终端用户、工程商或集成商等渠道。常见的需求信息会通过项目招标书、电话、邮件等形式传递给项目业务人员。由项目业务人员对这些原始需求进行收集，并进行早期分析。早期分析过程一般包括需求确认和建立需求列表。

▶ 2.1.2 需求确认

由于需求的来源和方式具有多样性，因此我们需要对需求信息进行二次确认及信息甄别。二次确认是指针对需求信息描述中不清晰、不准确及存在歧义的地方与项目干系人再次进行确认，以确保需求信息准确无误；信息甄别主要包括项目类型、场景、流程三要素，分别对用户信息、项目信息及终端用户信息进行综合分析和甄别。

1. 确定项目类型

项目不同，需要的方案不同，侧重点也不同。例如，租赁商用户关注方案性能和易操作性，而固装商用户更关注方案成本和稳定性。

2. 确认应用场景

不同的应用场景所需的方案也不同。例如，影院关注 LED 显示屏的画质，而舞台关注 LED 显示屏方案的功能丰富性。

3. 遍历使用流程

当不同的方案实现方式都可以满足同一个需求时，应遍历体验实际的使用流程和习惯，由方案设计人员筛选出最佳的方案设计。

2.1.3　建立需求列表

完成需求信息的收集与确认后，应建立需求列表，以文件的形式将信息保存下来。用户需求文件化有两个显著优点：①可以确保用户需求描述在项目团队中有效传递，减少内部沟通成本，保证需求信息在传递过程中无损；②有助于需求记录和变更信息归档，方便项目设计活动中的跟踪和监控，最终可以作为方案交付成果的检查列表。

需求列表应该包括但不限于需求名称、需求用户、需求时间、需求类型、需求场景、需求条目、需求描述、需求优先级。同时，结合用户使用流程和习惯，描述需求条目的实际使用过程，对需求重要性进行排序。需求列表如表 2-1-1 所示。

表 2-1-1　需求列表

需求名称	需求用户	需求时间	需求类型	需求场景	需求条目	需求描述	需求优先级

2.2　方案设计

通过需求收集与确认掌握需求信息后，需要进行方案设计。在方案设计的过程中，应当综合考虑成本、兼容性、风险管控、项目实施等方面，并遵循功能完备、性能可靠、技术领先、后期维护方便、节约资源的原则进行方案设计。

LED 显示屏方案设计通常包括控制系统方案设计、显示屏方案设计、工程施工方案设计等。控制系统方案设计与显示屏方案设计是相配套的，一般由供应商负责。而工程施工方案设计一般由用户及施工单位相互配合确定。

目前，主流的 LED 显示屏通常有两种安装方式，一种是通过 LED 模组拼接而成，另一种是通过 LED 箱体搭建而成。前者的优势在于方案灵活，带载方式多样，维护和维修方便，整体项目成本低；后者的优势在于箱体结构更加稳定，安装快捷方便，拼接的平整度更好，箱体包裹电源、接收卡及各类电子元器件的设计，使用更加安全。所以综合考虑，LED 模组拼接的安装方式适用于市面上绝大多数显示屏固定安装的场景，而 LED 箱体搭建的安装方式多用于室外大屏、预算充足的高端显示屏固定安装，以及租赁应用显示屏等项目。

考虑 LED 显示屏应用相关性、实用性及教材篇幅，本书着重介绍 LED 显示屏方案设计中的控制系统方案设计。控制系统方案设计通常包含接收卡方案设计、控制器方案设计、配件方案设计及设备清单。

2.2.1 接收卡方案设计

对 LED 箱体制造商来说，箱体产品设计发布时就已经考虑了其市场定位及所需实现的功能，因此接收卡选型在设计箱体硬件之初就已经作为一项重要的考虑因素被纳入其中。所以对于采用 LED 箱体搭建安装方式的控制系统方案设计，无须进行接收卡选型及接收卡带载计算。例如，艾比森的 AW、DW 系列箱体，洲明的 UGN、UGM 系列箱体等，以箱体为单位进行售卖，箱体内部已经集成了接收卡并调试完成，只需接通电源，箱体即可正常显示。

对于采用 LED 模组拼接安装方式的控制系统方案设计，就需要结合收集到的信息来考虑合适的接收卡选型，控制系统方案设计中影响接收卡选型的主要因素有模组的数据接口类型、项目的特定功能需求和接收卡的数据组模式。

1. 接收卡选型

1）模组的数据接口类型

LED 模组的数据输入/输出接口通常称为 HUB 接口，它定义了 LED 模组与接收卡通信时的规定"语言"。当前市面上的 HUB 接口类型有很多种，最常用的 HUB 接口类型为 HUB75E 和 HUB320。图 2-2-1 和图 2-2-2 所示为诺瓦星云的两款接收卡 DH426（HUB75E 接口）和 DH436（HUB320 接口）。

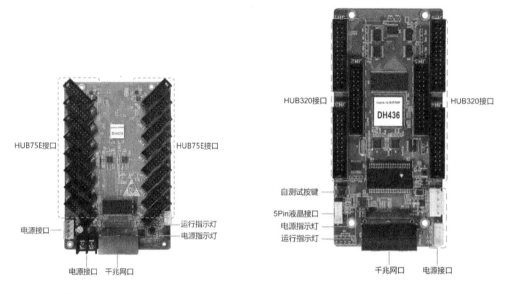

图 2-2-1　接收卡 DH426（HUB75E 接口）　　图 2-2-2　接收卡 DH436（HUB320 接口）

　　HUB75E 接口和 HUB320 接口的区别在于定义不同，通常拥有 HUB75E 接口的模组包含 2 组数据，而拥有 HUB320 接口的模组包含 4 组数据。因此在接收卡选型时，应首先考虑模组的 HUB 接口类型，接口类型不符可能导致所选接收卡无法使用，或者无法直接使用，需要增加 HUB 转接板对接口进行转换。如此一来，项目复杂程度会增加，成本也会随之增加。

　　2）项目的特定功能需求

　　根据前期需求列表收集到的信息，我们已经清楚地了解了用户的具体需求，确认是否需要实现某些特定的功能。因此在接收卡选型时，需要仔细核对用户的具体需求与接收卡的功能特性，确认是否需要选择具体某个型号或某个系列的接收卡，才能够实现对应的功能。例如，在某项目中，用户需要对 LED 显示屏上的失控像素点（死灯）进行检测及定位（点检）。以诺瓦星云的控制系统为例，应在技术方案中加入监控卡 MON300，此监控卡只能搭配特定型号的接收卡 MRV560 才能实现上述需求，如图 2-2-3 和图 2-2-4 所示。

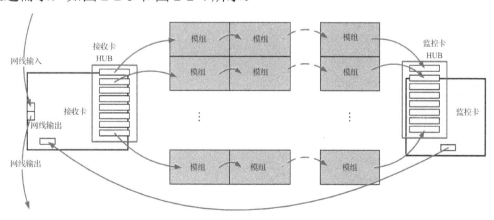

图 2-2-3　接收卡 MRV560 与监控卡 MON300 的连接示意图

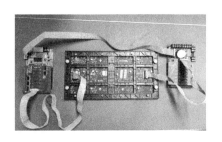

图 2-2-4　接收卡 MRV560 与监控卡 MON300 的实际连接图

此外，这种特定功能需求还有很多，如低延迟、HDR 等，需要结合具体方案查阅相关接收卡产品规格书进行选型。如果项目未涉及此类特殊功能需求，那么接收卡选型可以不受限制。

3）接收卡的数据组模式

控制系统厂家在设计同系列不同型号的接收卡时，会充分考虑其市场定位，希望给用户提供更加灵活的选择。同系列不同型号的接收卡，除了带载，还有一个重要的参数，就是接收卡的数据组模式，这也反映在接收卡的 HUB 接口数量上。

以诺瓦星云的 DH 系列接收卡为例，接收卡 DH7508（见图 2-2-5）、DH7512、DH7516 分别带有 8 个、12 个、16 个 HUB75E 接口。HUB75E 为行业标准，单个接口支持 2 组 RGB 信号数据，因此接收卡 DH7508、DH7512 和 DH7516 分别支持最大 16 组、24 组和 32 组数据。

数据组对应的每个 HUB 接口都是从上到下依次排列的，如图 2-2-6 所示。接收卡 DH7508 的第一个 HUB 接口序号为 JH1，连接第一行模组，对应数据组 1 和 2。同样，序号 JH2 对应数据组 3 和 4。依次类推，序号 JH8 对应数据组 15 和 16。

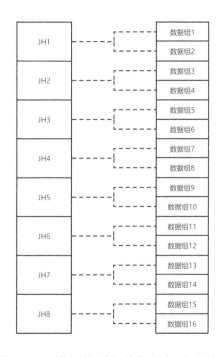

图 2-2-5　接收卡 DH7508　　　　　图 2-2-6　模组排列与数据组的对应关系

在接收卡选型的过程中，通常会根据模组的高度来选择对应的接收卡型号。例如，某项目使用分辨率为 160×80（单位为像素，本书分辨率单位统一使用像素）的模组（HUB75E 接口），去拼一块分辨率为 720P（1280×7200）的显示屏时，应该选择什么型号的接收卡？

通过分辨率计算可得该 LED 显示屏为 9 行 8 列模组拼接而成。9 行模组的纵向带载至少需要用到 9 个 HUB 接口，而接收卡 DH7508 只有 8 个 HUB 接口，纵向带载不够，因此应选择接收卡 DH7512，使用其 9 个 HUB 接口进行带载。至于需要多少张接收卡 DH7512 才足以带载整块显示屏，则需要通过进一步的带载计算得出。

2．接收卡带载计算

接收卡带载计算主要与接收卡的总带载像素点及对应使用的数据组模式有关，其计算思路如下。

选择接收卡型号的主要考虑因素是接收卡的总带载能力和最大支持的数据组模式。

首先，根据模组的行列数考虑接收卡选型。主要看模组的行数，8 行以内可选 8 个 HUB 接口的接收卡，如 DH7508；12 行以内可选 12 个 HUB 接口的接收卡，如 DH7512；16 行以内可选 16 个 HUB 接口的接收卡，如 DH7516。

然后，根据接收卡带载优化选型。根据模组的分辨率及接收卡的分辨率可以计算出单个 HUB 接口最多支持级联多少块模组，计算出总共需要多少张接收卡。如果计算得出单个 HUB 接口无法带载单块模组，那么需要考虑增加接收卡，减少 HUB 接口的使用或选择带载更大的接收卡。

以诺瓦星云的接收卡 DH7516 为例，如果使用第 1～4 HUB 接口，那么接收卡的工作模式为 8 组数据，单组数据的带载=接收卡总带载/8；如果使用第 5～8 HUB 接口，那么接收卡的工作模式为 16 组数据，单组数据的带载=接收卡总带载/16；如果使用第 9～16 HUB 接口，那么接收卡的工作模式为 32 组数据，单组数据的带载=接收卡总带载/32。

一般来说，根据项目中所选接收卡和模组的规格计算出单张接收卡能够带载多少块这样的模组，就可以合理设计出带载方案。通常行业用户都会在接收卡带载能力范围尽可能多地连接单元板，进而减少接收卡的使用数量，实现降低成本的目的。

25

例 1：某项目拟使用接收卡 DH7512 去带载 104×52 像素点的单元板，该单元板为标准 HUB75E 接口，工作模式为 2 组数据，那么在该项目中，单张接收卡最多可以带载几块模组，总带载像素点是多少？

解：首先，通过查阅接收卡 DH7512 的规格书可知其有 12 个 HUB 接口，带载能力为 512×512 像素，最大支持 24 组数据。

考虑尽可能多地带载单元板，那么在使用所有 12 个 HUB 接口的情况下，24 组数据开启。

此时接收卡单组数据带载 512×512/24=10922（取整）像素点。

带载项目规格单元板宽度最多可以带载 10922/（52/2）=420（取整）像素点。

单个 HUB 接口可以级联的单元板数量为 420/104=4（取整），即单个 HUB 接口可以级联带载 4 块单元板。

因此，单张接收卡 DH7512 一共有 12 个 HUB 接口，共带载 48 块单元板，带载的总像素点为 416×624。

例 2：某项目拟使用接收卡 DH7508 带载 160×80 像素点的单元板，单元板为标准 HUB75E 接口，工作模式为 2 组数据，请问在该项目中，单张接收卡最多可以带载几块模组，总带载像素点是多少？

解：首先，通过查阅接收卡 DH7508 的规格书可知其有 8 个 HUB 接口，带载能力为 256×256 像素，最大支持 16 组数据。

考虑尽可能多地带载单元板，那么在使用所有 8 个 HUB 接口的情况下，16 组数据开启。

此时接收卡单组数据带载 256×256/16=4096 像素点。

带载项目规格单元板宽度上最多可以带载 4096/（80/2）=102（取整）像素点。

单个 HUB 接口可以级联的单元板数量为 102<160，即单个 HUB 接口只可以带载 1 块单元板。

因此，单张接收卡 DH7508 可以带载 8 块单元板，带载的总像素点为 160×640。

在实际项目案例中，由于现场施工环境的限制，显示屏的像素尺寸可能无法均分到每张接收卡上。因此，同一个项目中可能会存在多种接收卡的带载方案，即接收卡带载的行列数不同，需要通过计算验证不同带载方案的可行性。

例 3：某项目拟使用接收卡 DH7516 带载 160×80 像素点的单元板，单元板为标准的 HUB75E 接口，工作模式为 2 组数据。请问是否可以满足 480×560、640×400、480×480 的带载情况？

解：首先，通过查阅接收卡 DH7516 的规格书可知其有 16 个 HUB 接口，带载能力为 512×512 像素，最大支持 32 组数据。

情况 1。单元板为 "7 高 3 宽" 排列，又称 "7 行 3 列"。

项目带载为 480×560=268800 像素点，而接收卡 DH7516 总带载为 512×512=262144 像素点。总带载能力超出，因此当前情况无法带载。

情况 2。单元板为 "5 高 4 宽" 排列，又称 "5 行 4 列"。

项目带载为 640×400=256000 像素点，接收卡总带载能力满足。

根据数据组自上而下排列的原则，5 行单元板至少需要用到 5 个 HUB 接口。

（1）假设用到了 1～5 HUB 接口，16 组数据开启。

此时单组数据带载 512×512/16=16384 像素点。

宽度 4 块单元板级联时，单组数据的像素点为 160×80/2×4=25600＞16384，因此无法带载。

（2）假设用到了 1～10 HUB 接口，1～5 HUB 接口带载左侧 5 行 2 列，6～10 HUB 接口带载右侧 5 行 2 列。此时 32 组数据开启。

此时单组数据带载 512×512/32=8192 像素点。

宽度 2 块单元板级联时，单组数据的像素点为 160×80/2×2=12800＜16384，因此可以正常带载。

情况 3。单元板为 "6 高 3 宽" 排列，又称 "6 行 3 列"。

项目带载为 480×480=230400 像素点，接收卡总带载能力满足。

根据数据组自上而下排列的原则，6 行单元板至少需要用到 6 个 HUB 接口。

（1）假设用到了 1～6 HUB 接口，16 组数据开启。

此时单组数据带载 512×512/16=16384 像素点。

宽度 3 块单元板级联时，单组数据的像素点为 160×80/2×3=19200＞16384，因此无法带载。

（2）假设用到了 1～12 HUB 接口，1～6 HUB 接口带载左侧 6 行 2 列，7～12 HUB 接口带载右侧 6 行 1 列。此时 32 组数据开启。

左侧 1～6 HUB 接口带载 2 块单元板时，单组数据的像素点为 160×80/2×2=12800＜16384。右侧单个 HUB 接口只带载 1 块单元板，不会超带载，因此可以正常带载。

▶ 2.2.2　控制器方案设计

控制器通常称为发送卡，在 LED 显示屏项目中，控制器方案设计也极为重要。通过接收卡选型和接收卡带载计算基本确定了项目中接收卡的型号及数量，接下来需要对控制器进行选型及带载计算，确定最终方案中控制器的型号及数量。

1. 控制器选型

1）视频输入源的类型

控制器的主要作用是接收前端视频源设备或计算机提供的视频源信号，先将接收到的视频源信号处理为可通过网线传输的差分信号，然后将此信号通过网口、网线传输给接收卡，显示在 LED 显示屏上。因此，控制器选型一定要考虑前端视频输入源的类型。例如，某会议室要安装一块 LED 大屏，用户要求日常使用中需要满足一路摄像机视频源上屏的需求。摄像机通常的接口是 SDI 接口，如图 2-2-7 所示。

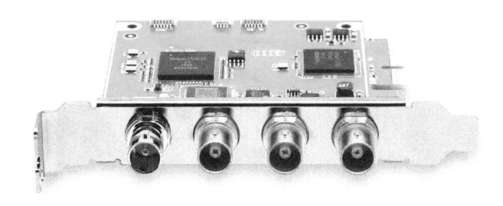

图 2-2-7　SDI 接口示意图

因此，在控制器选型的时候，需要选择具备 SDI 接口的控制器，而不能任意选择控制器。以诺瓦星云的控制器举例，可选择具有一路 3G-SDI 的 MCTRL660 Pro 或具有 6G-SDI 接口的 MCTRL R5，如图 2-2-8 所示。

图 2-2-8　诺瓦星云的 MCTRL R5 控制器

2）项目的特定功能需求

根据前期收集到的信息，我们已经清楚地了解了用户的具体需求，以及是否需要实现一些特定功能。因此在控制器选型时，需要仔细核对用户的具体需求与接收卡的功能特性，考虑是否需要选择某个具体型号的控制器才能够实现对应的功能。

例如，某电视台要安装一块 LED 显示屏用于现场节目转播画面的播放，由于电视台的转播特性，要求 LED 显示屏画面与现场节目转播画面尽可能同步，不接受画面延迟影响电视节目转播效果。该方案由于使用场景的特殊性，对应出现了一个特定功能需求，即"低延迟"。对于市面上的通用控制器，由于其本身工作原理的特性，一般存在 1 帧的画面延迟。如果算上接收卡端和 LED 显示屏驱动 IC 端的延迟，整个系统会达到 3~4 帧的延迟，很容易被人眼识别到。因此在此方案选型时，需要考虑特殊方案选型。以诺瓦星云的控制系统为例，MCTRL660 Pro 控制器搭配 A8s / A10s plus 接收卡能够将整个系统的延迟降低至 2 帧左右，控制器端更是能够做到接近 0 帧的延迟效果，如图 2-2-9 所示。具体方案可以参考第 3 章中关于低延迟显示系统解决方案的说明。

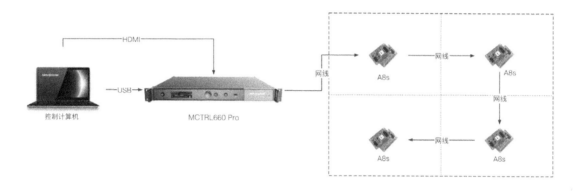

图 2-2-9　MCTRL660 Pro+A8s 低延迟系统

同理，若项目中存在其他特殊需求，如需要实现 3D 效果、HDR 高画质等时，则需要根据项目的具体需求查阅相关控制器规格书，选择合适的控制器。

3）控制器的带载能力

控制器的带载能力与其网口的数量有直接的关系，在《LED 显示屏应用（初级）》教材中曾讲解过控制器网口的带载计算公式：

$$BW \times UR = LC \times FR \times CD \times 3$$

BW 表示 Band Width，即网口传输带宽（Gbit/s）：单位时间能通过链路的数据量，即每秒可传输的数据位数。

UR 表示 Usage Rate，即网口带宽利用率（百分比）：有效的像素信息所占带宽与总带宽的比值。在整个千兆网络传输中，传输内容主要包含场数据、行数据、命令数据、音频数据及无效数据，所以不用的应用可能会导致不同的网口带宽利用率。

LC 表示 Load Capacity，即网口带载能力：单网口可带载的像素点，一个像素点包含红、绿、蓝 3 个灯点。

FR 表示 Frame Rate，即图像帧频（Hz）：1 秒内图像刷新的次数，常见的图像帧频有 24Hz、25Hz、30Hz、48Hz、50Hz、60Hz、72Hz、100Hz、120Hz、144Hz，

以及 23.97Hz、29.98Hz 等。

CD 表示 Color Depth，即图像位深（bit）；图像中每个单色数据所占的位数，位数越高，表示可以实现的颜色种类越多。常见的图像位深为 8bit、10bit、12bit，显示器图像位深默认为 8bit，即每个单色有 2^8 种变化，所以一个像素点可以实现 16777216 种颜色。

3 表示 RGB 的 3 种颜色。

通常，网口传输带宽是 1Gbit/s，视频源常规图像帧频是 60Hz，图像位深是 8bit，稳定传输的网口带宽利用率约为 93.6%，得到单个网口的带载能力约为 65 万像素。

那么是否控制器的带载能力就等同于网口数量×65 万像素点呢？例如，以诺瓦星云的 4 网口输出控制器 MCTRL600 为例，其带载能力理论上应该为 260 万像素，但通过查阅该控制器的规格书，得知其带载能力为 230 万像素，与理论值存在差异，为什么会这样呢？原因在于其视频输入源分辨率，通常来说，4 网口的控制器会被用来带载一块常规的 1080P 高清大屏，此类控制器的视频输入源通常会配备 HDMI1.3 或单链路 DVI 的接口。单链路 DVI 支持的最大分辨率为 1920×1200@60Hz，即 2304000 像素点，约等于 230 万像素点。控制器本身不具备任何视频处理功能，不会对视频输入源进行缩放操作，那么它能够获取到多少数据信息，理论上也就会传输出去相应的数据信息，即控制器的带载能力由其视频输入源接口支持的分辨率决定。

目前，LED 显示屏控制系统行业内的各厂家控制器的网口数量和视频输入源接口类型基本对应，如表 2-2-1 所示。因此，在控制器选型时可根据项目的 LED 大屏总分辨率在对应网口数量的控制器型号中进行选择。

表 2-2-1　控制器的网口数量与其常规带载能力说明

网口数量	视频输入源接口类型	支持分辨率	常规带载能力
2	SL-DVI/HDMI1.3 等	1920×1200@60Hz	130 万像素
4	HDMI1.3/SL-DVI/3G-SDI 等	1920×1200@60Hz	230 万像素
8	HDMI1.4/DP1.1/DL-DVI/6G-SDI 等	4096×1080@60Hz	440 万像素
16	HDMI2.0/DP1.2/DL-DVI*2 等	4096×2160@60Hz	880 万像素

4）控制器支持的极限宽高

确定 LED 控制器方案时，除了需要考虑视频输入源的类型、项目的特定功能需求及控制器的带载能力，还需要考虑控制器支持的极限宽高。控制器支持的极限宽高主要由视频输入源接口类型决定，以图 2-2-10 所示的诺瓦星云的 MCTRL700

控制器为例。

图 2-2-10　诺瓦星云的 MCTRL700 控制器

通过查阅 MCTRL700 的规格书，其视频输入源接口 HDMI/DVI 的部分性能描述如图 2-2-11 所示。可以看出，由于 MCTRL700 使用 HDMI1.3 输入接口，支持分辨率自定义，极限宽度最大为 3840×600@60Hz，极限高度为 548×3840@60Hz。因此，MCTRL700 控制器支持带载的极限宽高均不超过 3840 像素点。在方案设计的过程中除了需要考虑控制器的总带载能力，还需要考虑显示屏的宽和高。

> 1 × HDMI 1.3 输入接口。
>
> - 支持最大分辨率为 1920 × 1200@60Hz。
> - 可自定义分辨率。
>   　　极限宽度：3840（3840×600@60Hz）
>   　　极限高度：3840（548×3840@60Hz）
> - 支持 HDCP1.4。
> - 不支持隔行信号输入。

图 2-2-11　MCTRL700 规格书中关于 HDMI1.3 输入接口的性能描述

2．控制器带载计算

控制器带载计算通常包含以下几个步骤。

（1）计算整屏分辨率。

（2）计算整屏接收卡（箱体）个数。

（3）计算单网口能够带载的接收卡（箱体）个数。

（4）计算整屏带载所需的网口数量。

（5）计算需要的控制器数量。

在设计控制器带载方案的时候，要遵循"矩形带载"原则。其中，网口需要遵循"矩形带载"原则，控制器也需要遵循"矩形带载"原则。

1）网口的"矩形带载"原则

例如，某项目有一块分辨率为 1920×1080 的显示屏，箱体分辨率为 192×384，使用 4 网口输出控制器进行带载方案设计，错误的和正确的网口带载方案如图 2-2-

12 和图 2-2-13 所示。

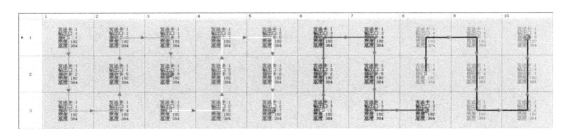

图 2-2-12　错误的网口带载方案

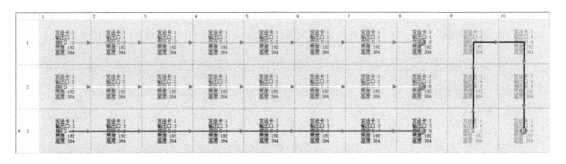

图 2-2-13　正确的网口带载方案

单网口的带载能力为 65 万像素，根据箱体分辨率可知，单网口最多带载 8 个箱体。在图 2-2-12 中，虽然每个网口只连接了 8 个箱体，但是带载计算会将其看作一个"3 行 3 列"的矩形区域，即 9 个箱体，此带载方案设计使得网口超出带载，无法实施。

通过更改网口连接设计可以规避"矩形带载"的限制，如图 2-2-13 所示，此带载方案设计可行。

2）控制器的"矩形带载"原则

例如，某项目有一块分辨率为 1920×2160 的显示屏，箱体分辨率为 192×384，使用 2 台 4 网口输出控制器进行带载方案设计，错误的控制器带载方案如图 2-2-14 所示。在图 2-2-14 中，粉色区域为第 1 台控制器 4 网口带载的区域，绿色区域为第 2 台控制器 4 网口带载的区域。其中，第 2 台控制器所带载总量会按照整个"6 行 10 列"的区域进行计算，那么第 2 台控制器超出带载，此方案无法实施。

正确的控制器带载方案如图 2-2-15 所示，将 2 台控制器带载均匀分配，连线设计也更加规整，单台控制器带载"3 行 10 列"的区域，不超出控制器总带载，方案合理。

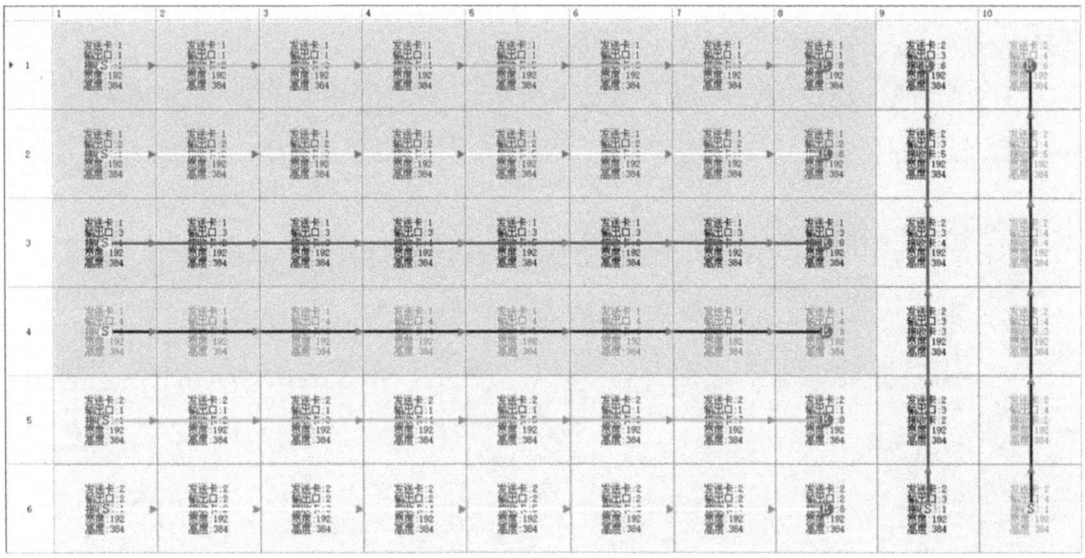

图 2-2-14　错误的控制器带载方案

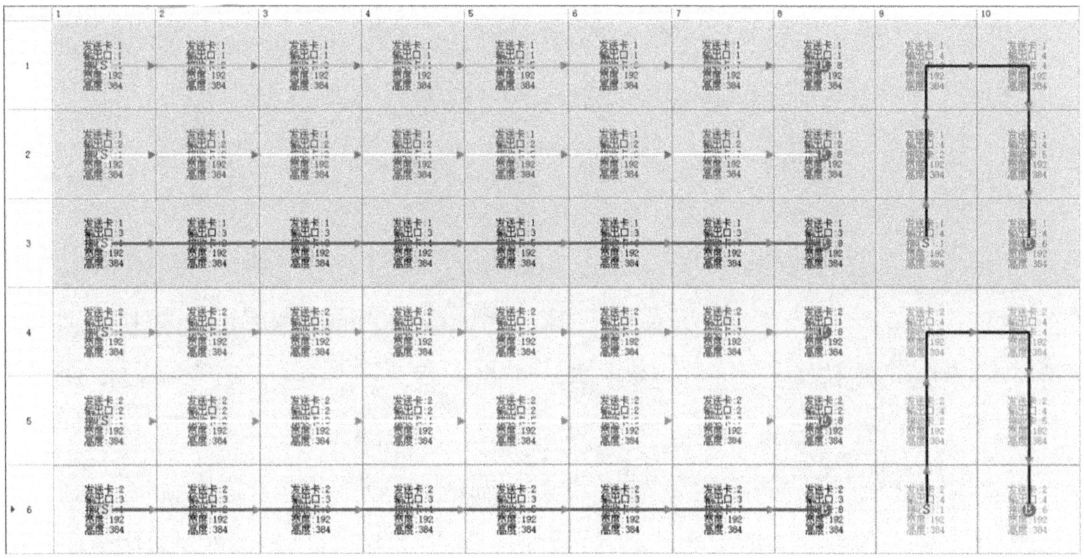

图 2-2-15　正确的控制器带载方案

2.2.3　配件方案设计

配件方案的确定和用户需求有直接关系，根据用户的具体需求可以推出具体需要用到的配件类型，而部分配件的数量则需要通过计算得到。

1. 配件选型

配件选型往往是相对固定的，因为配件本身是依据特定使用场景进行设计和生产的，常见的配件选型原则如下。

（1）若需要远程断/上电、音频输出，则方案中需要添加多功能卡。

（2）若需要根据环境亮度调节屏体的亮度，则方案中需要添加光感探头和多功能卡。

（3）若需要光纤远距离传输，则方案中需要添加光电转换器及光模块。

（4）若需要快门式 3D 的场景应用，则方案中需要添加 3D 发射器及快门式 3D 眼镜。

（5）若需要声、光、电统一控制，则方案中需要添加视频中控设备。

（6）若需要提供视频源复制信号备份，则方案中需要添加视频分配器。

（7）若需要实现像素点级别的屏体状态监控和灯点检测，则方案中需要添加监控卡配件。

2. 配件方案计算

（1）对绝大多数方案来说，一套方案就足以满足需求，不需要引入计算内容。

（2）一套多功能卡+光探头的组合即可实现对整屏亮度的自动调节。

（3）一台 3D 发射器可满足最多 200 人观看 3D 效果，3D 眼镜按人数配备。

（4）对部分方案来说，配件的数量与屏体的带载方案有关。

由于光电转换器需要一发一收成对使用，所以它的实际使用数量和控制器用于带载的输出网口数量有关。例如，某项目有一块分辨率为 1920×1080 的显示屏，使用 1 台 4 网口控制器带载，距离控制室 200m，需要使用光纤远距离传输。配件选型为 CVT310 光电转换器（诺瓦星云），使用 1Gbit/s 传输速率的光模块。因为一对光电转换器只能传输一个网口的数据，而此方案总共使用了 4 个网口，所以需要用到 8 台光电转换器。

此外，监控卡配件的使用是与接收卡配套的，一张接收卡需要配备一张监控卡。因此，在一个需要实现像素点级别的屏体状态监控和灯点检测方案中，监控卡配件的数量应等于接收卡数量。

▶ 2.2.4　设备清单

通过前文的分析计算，可以得出当前方案需要的接收卡型号及数量、控制器型号及数量、配件型号及数量。整理输出当前项目所需的设备清单，如表 2-2-2 所示。

表 2-2-2　某项目控制系统方案的设备清单

序号	设备类型	设备描述	设备编码	单位	数量	备注
1	控制器	MCTRL4K	EXXXX	台	2	
2		CVT4K	CXXXX	台	2	

续表

序号	设备类型	设备描述	设备编码	单位	数量	备注
3	控制器	CVT4K	CXXXX	台	4	
4	接收卡	A8s	EXXXX	个	200	
5	配件	EMT200	CAXXXX	个	200	
6	其他	—	—	—	—	

2.3　方案评审

　　方案评审即同行或专家评审，是指 LED 显示屏项目团队成员按一定规则检查该方案，识别方案的缺陷，改进方案的不足，跟踪需求实现状态的过程。通过方案评审，可以尽早发现问题，有效降低成本，减少返工，缩短项目周期，提高交付质量。

　　LED 显示屏项目在后期方案验证阶段具有高投入的特点。特别是在方案实施阶段、方案交付阶段中发现缺陷的修复成本，远远高于在前期方案评审中发现缺陷的修复成本。因此，前期的方案评审必不可少，越早发现问题，方案实施的总成本越低。该项工作一般由项目经理或质量代表负责。

　　典型的方案评审可分为以下几个步骤。

　　（1）制订方案评审计划，项目经理或质量代表协调确定方案评审开展的时间节点和相关资源。

　　（2）启动方案评审，质量代表审查是否满足启动评审的条件，受审方提供评审相关的技术资料。

　　（3）进行预审，评审专家及各领域代表对照评审要素表对交付件进行审查，并完成评审要素表的填写。

　　（4）召开评审会议，项目经理或质量代表组织召开评审会议，针对评审问题进行研讨。

　　（5）制定并发布评审报告，评审组给出评审意见，输出评审报告并发布给项目团队成员及相关人员。

　　（6）跟踪执行，处理评审报告中的遗留问题。

2.4　方案实施

　　方案实施是整个项目从理论设计到实际执行的重要过程，大体分为 5 个阶段：

启动、规划、实施、监控、验收。

（1）启动。方案设计满足用户需求后，跟用户签署合同。明确项目工作说明书，对项目需要交付的产品、服务或成果进行详细的说明。

（2）规划。按照项目方案设计，对实施阶段需要的设备、物料、时间、人力成本等资源进行评估。滚动式规划项目实施进度，建立项目实施计划。对项目中关键的里程碑时间或事件进行定义（合同或流程规范明确内容），并将其逐步分解成更详细、更具备可执行性、可管控条件的项目活动，如设备入场安排、设备现场调试计划等，同时，规划阶段需要将实施质量管控规划明确。建立质量管控计划，确保项目执行过程中应该遵循的质量规范，如图纸变更规范、施工用电规范、责任划分等。通过规划过程，为实施过程中的技术、团队管理、进度、协调和沟通等风险提前做好准备，确保项目实施的正常进行。

（3）实施。按照规划阶段制订的施工计划进行建设、布线、安装、调试、试运行等活动，有序推进项目交付。

（4）监控。按照规划阶段的质量管控，确保项目正确执行，确保最终交付成果不出现偏差。

（5）验收。完结项目管理所有活动以正式结束项目或阶段。

2.5 方案交付

方案交付，即向用户交付项目过程中产生的产品、服务和成果。

方案交付包括解决方案中给用户提供的设备、物料等产品实物，也包括项目方案设计、设备清单、施工图纸、产品规格书及使用手册、过程文档等资料。必要时还应组织用户进行产品使用的培训工作。

第 3 章

典型 LED 显示屏控制系统方案设计与调试

随着 LED 的应用越来越广泛，在不同的使用场景下，LED 显示屏控制系统方案设计也存在不同的侧重点。本章将以常见的 LED 应用场景为出发点，描述不同控制系统方案的背景及特点，以及在方案设计与执行过程中的注意事项，并结合实际案例进行详细的阐述。

3.1 矩形屏方案

3.1.1 常规矩形屏方案

1. 方案概述

常规矩形屏指的是形状规则、分辨率相对较小的矩形屏，是日常生活中最常见的 LED 显示屏。这类 LED 显示屏的结构简单、使用设备数量较少、调试使用相对容易，故而广泛应用于多种场景，如商业广告、多媒体展厅、舞台演绎、大型会议等，如图 3-1-1 所示。

图 3-1-1　LED 常规矩形屏的应用场景

LED 常规矩形屏方案的特点如下。

（1）系统架构简单。

（2）屏体分辨率不大，所需设备数量较少，连接方便。

（3）箱体/模组规则排布，调试方便。

2. 方案设计及执行

1）需求收集

（1）屏体分辨率大小。

（2）箱体/模组信息：规格大小、驱动 IC 型号。

（3）传输链路：确认屏体和控制器间的距离，采用网线或光纤进行传输。

（4）输入源接口类型：HDMI、DVI、DP、SDI、CVBS。

（5）输入源位深：8bit、10bit、12bit。

（6）屏体特殊需求：3D、点对点显示、HDR、高刷新率等。

2）方案设计

根据用户需求确认系统架构。图 3-1-2 所示为一个典型矩形屏系统架构，采用同步控制系统，前端控制计算机为输入源设备，控制器与接收卡之间采用网线连接。

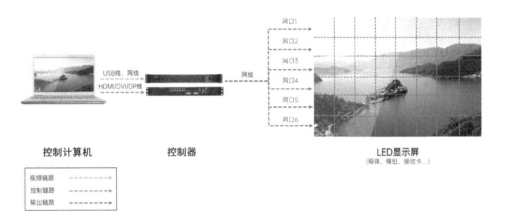

图 3-1-2　典型矩形屏系统架构

3）设备选型

接收卡、控制器、配件选型参照 2.2.1、2.2.2、2.2.3 节内容进行。

3. 案例分享

某用户需要做一块室内点间距为 P2.5 的 LED 显示屏，屏体物理宽度为 7.04m，高度为 2.56m。要求具备多路信号输入、信号间可无缝切换，可以实现 1 台摄像机、2 台计算机三画面同时在 LED 显示屏上显示，并且可以保存场景模板。

1）系统架构

根据项目需求，确定系统架构，如图 3-1-3 所示。

2）设备选型

（1）根据屏体点间距和屏体物理宽高，计算屏体分辨率为

$$宽度像素点=7.04/0.0025=2816\ 像素点$$

$$高度像素点=2.56/0.0025=1024\ 像素点$$

$$屏体总像素点=宽度像素点×高度像素点=2816×1024=288.3\ 万像素点$$

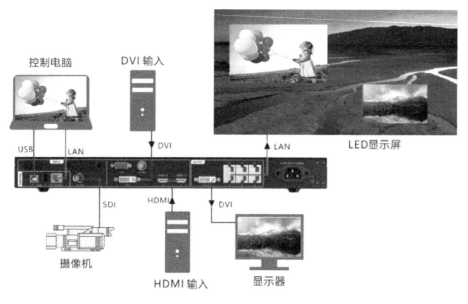

图 3-1-3　系统架构

（2）进行设备选型（以诺瓦星云为例）。

首先进行接收卡选型。对照诺瓦星云的接收卡型号，结合现场实际，可以选择接收卡 DH7516。接收卡 DH7516 带载 P2.5 灯板的能力为 128×1024，由此可计算出

$$宽度所需接收卡数量=2816/128=22 张$$

$$高度所需接收卡数量=1024/1024=1 张$$

由此得出，整屏所需接收卡 DH7516 数量共 22 张，横向一排进行排列带载。

然后进行控制器选型。根据用户需求，需要接入摄像机及计算机作为视频输入源，所以输入的信号包括 SDI 接口、HDMI 接口、DVI 接口。同时，要求三画面同时在屏体上显示，控制器支持三画面开窗。因此需要选用视频控制二合一产品作为前端控制器。对照诺瓦星云二合一产品型号，V1060 带载能力为 390 万像素点，具备多路信号输入，信号间可无缝切换，支持三画面开窗，集成度高，连接环节少，出现故障的概率低，所以选择 V1060 作为本项目的前端控制器，可以很好地满足此项目需求。

（3）方案设计。确定了接收卡、控制器的型号及带载分辨率，就可以进行具体网线连接的方案设计了。

整屏共 22 张接收卡，1 张接收卡带载分辨率为 128×1024；V1060 有 6 个网口，按照单网口不超过 65 万像素点的限制，前 5 个网口分别带载 4 张接收卡，第 6 个网口带载 2 张接收卡。在上位机软件端进行网线的连接配置，如图 3-1-4 所示。

图 3-1-4　网线的连接配置

至此，本案例中的常规矩形屏方案设计就完成了。

3.1.2　超长/超高矩形屏方案

1. 方案概述

随着 LED 显示屏的普遍应用，根据使用和安装环境的不同，用户对屏体的要求也发生了变化，不再局限于常规的矩形比例，出现了一些超长/超高矩形屏，如图 3-1-5～图 3-1-9 所示。

41

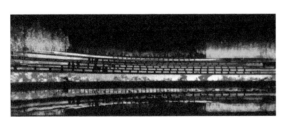

图 3-1-5　春晚井冈山会场的 LED 梯田舞台

图 3-1-6　某食堂门头展示屏

图 3-1-7　某商场扶梯广告屏

图 3-1-8　太原 LED 火炬塔

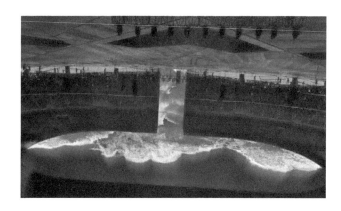

图 3-1-9　冬奥会冰瀑屏

2．方案特点

与常规矩形屏相比，超长/超高矩形屏的比例非常特殊，既不是常规矩形屏的宽高比例（如 16∶9、4∶3 等），又不是常规矩形屏的分辨率（如 1920×1080、2048×1152、3840×2160）。由于超长/超高矩形屏的宽度或高度特别突出，控制系统按照常规的带载方案，会浪费较多带载资源。因此，为了保证最佳性价比的硬件带载，对于控制系统也会提出更高的带载方案与要求。

3．方案设计与执行

1）需求收集

收集超长/超高矩形屏的需求信息时，需要重点关注以下几点。

（1）了解屏体宽高带载，配置性价比较高的控制系统方案。

（2）了解屏体安装环境、安装位置及安装周围空间等信息。因为这类屏体的安装，多数情况距离控制系统较远，此时需要考虑是否存在远距离传输信号的情况。

（3）了解用户对显示效果、播放素材、播放效果的要求。这类屏体多用于视频展示或广告，对于播放效果和显示效果方面的需求，要提前做好沟通。

2）方案设计

（1）根据屏体安装环境、安装位置及安装周围空间等信息，设定屏体供电布线、控制室位置及信号线布置。

（2）根据显示效果的需求，设计对应的设备带载大小及对应的产品型号；根据播放素材和播放效果，确定是进行点对点播放、拉伸播放、打折播放，还是使用拼控设备。

3）方案评审

方案评审时，要确定当前的播放方式能否覆盖用户的使用场景。打折播放设置是否和实际打折相对应，并确定播放素材完整。

4．案例分享

1）案例一

某集团负责人要在一商场内部做扶梯广告屏，把 LED 显示屏安装在电动扶梯外侧。屏体总长度为 34.56m，高度为 1.92m。屏体运行时会有多窗口和单窗口轮播相互转换的场景；屏体的播放素材包括视频、图片；要求画面不拉伸、不变形；可以定时给屏体断/上电；屏体使用的模组点间距为 P2.5，分辨率为 64×64。

（1）根据屏体物理尺寸及模组点间距，可以计算得出屏体的分辨率为 13824×768。

（2）以诺瓦星云为例，根据屏体分辨率、模组分辨率可以得出控制系统产品型号及数量，控制器使用 6 台 MCTRL600，接收卡使用 288 张 MRV308。

（3）屏体会有多个场景进行轮播，使用视频拼接器可以满足要求。

（4）屏体运行时会播放视频素材，超长矩形屏的打折带载方案不支持视频播放，只有制作对应的视频才可以，所以不使用控制系统软件打折播放，制作视频成本较高，使用正常的连屏即可。

（5）要求画面不拉伸、不变形，最佳的方式是使用点对点播放，一共有 6 台控制器，可以使用 6 口显卡。

（6）定时给屏体断/上电，可以使用多功能卡进行控制。

本案例的产品清单如表 3-1-1 所示。

表 3-1-1　案例一的产品清单

物料名称	型号	数量	单位	备注
视频拼接器	KS9000	1	台	
控制器	MCTRL600	6	台	
接收卡	MRV308	288	张	
多功能卡	MFN300	1	张	

2）案例二

用户要在银行营业大厅门头做一个超长矩形屏，用来显示当前利率等信息。屏体总长度为 20.48m，高度为 0.96m；屏体运行时只播放文字和图片，文字信息居多；使用的模组点间距为 P4，分辨率为 80×40。

（1）根据屏体物理尺寸及模组点间距，可以计算得出屏体的分辨率为 5120×240，整屏总像素点在 130 万像素以内，控制器使用 1 台 MCTRL300，接收卡使用 32 张 DH7512。

（2）用户在使用过程中文字信息居多，也会播放一些图片，使用打折带载和打折播放。

（3）计算机输出分辨率与 MCTRL300 的分辨率保持一致，均设置为 1920×1080，把整屏的分辨率按照显卡输出和发送设备输出进行分割，分割成两份 1920×240、一份 1280×240，如图 3-1-10 所示。

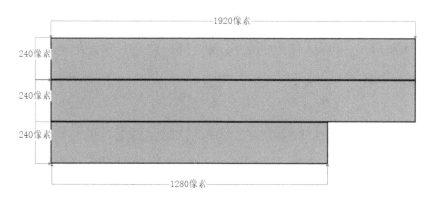

图 3-1-10　屏体打折分割

（4）设置显示屏连接时，设置接收卡列数为 12，行数为 3，把没有接收卡的位置设置留空。设置留空的位置也占用了像素点，所以整体带载 138 万像素点，超出控制器 MCTRL300 的带载能力，更换为 MCTRL600。显示屏连接设置如图 3-1-11 所示，本案例的产品清单如表 3-1-2 所示。

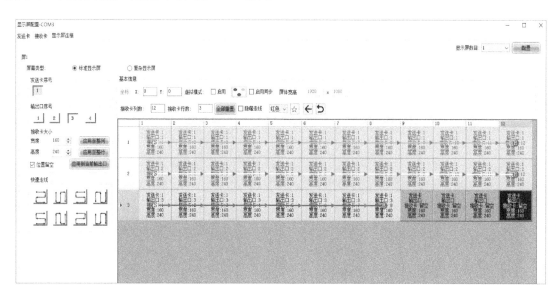

图 3-1-11　显示屏连接设置

表 3-1-2　案例二的产品清单

物料名称	型号	数量	单位	备注
控制器	MCTRL600	1	台	
接收卡	DH7512	32	张	
多功能卡	MFN300	1	张	

3.1.3　8K 超高清屏方案

1. 方案概述

8K 是指屏体分辨率为 7680×4320，这个分辨率相当于 16 个 1920×1080 或 4 个 3840×2160。8K 超高清屏表示屏体分辨率达到 7680×4320 甚至更高，分辨率越高，观众的观感体验越好。

随着 8K 技术的发展，8K 超高清屏已在多种商用显示和工程上应用，包括医疗影像、体育直播、远程教育、博物馆展览及大型租赁晚会等，如图 3-1-12 所示。

图 3-1-12　8K 超高清屏应用

2. 方案设计

1）屏体带载计算

8K 超高清屏带载计算，主要分为以下两个步骤。

（1）接收卡数量。由于 8K 超高清屏像素点多，因此接收卡数量也会非常多。对于使用固装或租赁 LED 箱体来安装的大屏，一般一个 LED 箱体只配置一张接收卡。此时单张接收卡带载的像素点就是一个 LED 箱体的像素点，因此只需按照实际全屏总像素点除以单张接收卡带载的像素点即可得出接收卡数量。

实际全屏总像素点/单张接收卡带载的像素点=接收卡数量

例如，一个分辨率为 7680×4320 的屏体，使用分辨率为 480×270 的 LED 箱体来安装，接收卡数量应为(7680×4320)/(480×270)=256 张。

对于使用单模组进行组装的大屏，需要根据模组类型、接口种类来选择合适的接收卡型号，并确认单张接收卡带载的模组数量，此时根据单模组的像素点即可反推出单张接收卡带载的像素点。

另外，由于模组组装的方式可能会导致每张接收卡分配的模组数量不一致，因此需要额外考虑接收卡利用率问题，同时应该适当增加接收卡作为备品，在一般情况下，备品数量是总数量的 5%。

（2）确定网口数量和走线。在输入源帧频为 60Hz 的情况下，显示屏控制系统单网口带载能力为 65 万像素，因此单网口下带载接收卡的像素总和必须在此范围内。根据此带载规则，可以初步计算出每个网口带载接收卡的数量。另外，由于网口的总带载是按照矩形面积计算的，因此可能会导致每个网口的利用率不一致，从而导致每个网口分配到的接收卡数量不同。因此需要综合考虑后推算出整块屏体一共使用的网口数量，并绘制出屏体网口走线图。网口利用率一致与不一致的屏体网口走线图如图 3-1-13 和图 3-1-14 所示。

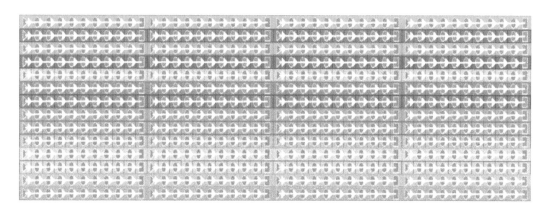

图 3-1-13　网口利用率一致的屏体网口走线图

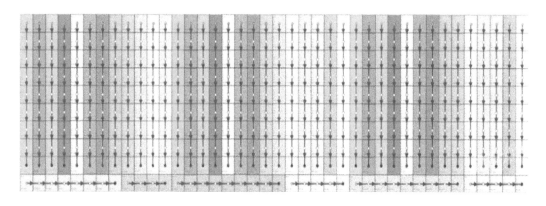

图 3-1-14　网口利用率不一致的屏体网口走线图

2）输入方案配置

对于 LED 显示屏，能实现点对点显示是满足超高清显示的前提，分辨率达到 8K 或 8K 以上的屏体要达到此要求的技术含量会更高。目前，根据前端输入源的类型，方案配置一般分为以下两种。

（1）多媒体服务器+视频拼接器方案。以诺瓦星云的多媒体服务器 ET4000 为例，该产品具备 4 个 DP1.2 接口，单个 DP 接口的带载能力为 884 万像素，单设备带载能力为 3538 万像素，最大可以支持 1 个硬件解码 8K×4K@60Hz 视频文件流畅播放。

H 系列视频拼接器采用模块化插卡式设计,可支持多个 4K 信号输入及多张 20 路网口板卡输出。

ET4000 配合 H 系列视频拼接器能够完全满足 8K 超高清屏的点对点显示,这也是目前市面上最常用的 8K 超高清屏的实现方案,其架构如图 3-1-15 所示。

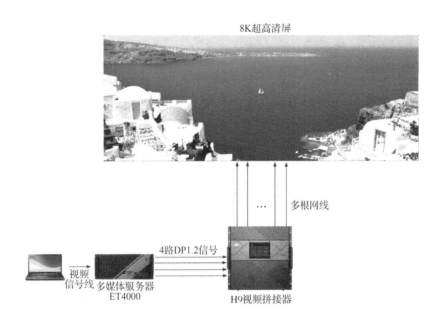

图 3-1-15　多媒体服务器+视频拼接器方案架构

（2）8K 机顶盒+DS80 Pro+视频拼接器方案。2017 年 11 月底,HDMI2.1 标准正式发布,随着 8K 技术越来越成熟,对应的 HDMI2.1 输出设备也越来越多,8K 机顶盒就是可以真正实现 7680×4320@60Hz 无损输出的一款设备。

诺瓦星云的 DS80 Pro 是 8K 端口处理设备,可以将输入的 8K HDMI2.1 或 DP1.4 信号重新进行编码,按照 4 路 4K HDMI2.0 输出,从而能全面地匹配市面上最常用的 4K 接口,完成 8K 显示器和 8K 显示屏的方案应用。

8K 机顶盒+DS80 Pro+视频拼接器方案能够直接完成 8K 全链路的视频播放,其架构如图 3-1-16 所示。

3）输出控制系统方案图

当屏体的带载方式、走线方式及前端输入方案都确认完成后,需要获取项目的应用场景,并根据应用场景输出控制系统方案图。

由于 LED 显示技术领域不断发展,超高清屏的商用率越来越高,因此 8K 显示屏的应用场景越来越复杂,需求也越来越多,包括远距离传输、稳定播放、视频无缝切换等,因此在方案设计时需要综合考虑各种功能和应用场景,输出完整的解决方案以满足现场需求。图 3-1-17 所示为满足主备切换及远距离传输的 8K 控制系统方案架构。

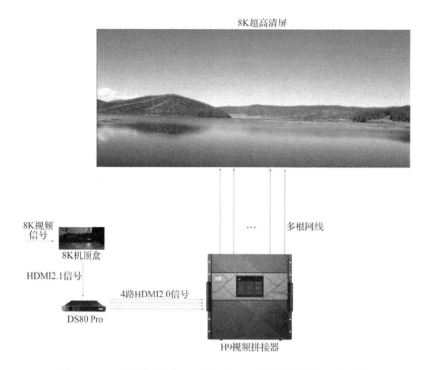

图 3-1-16　8K 机顶盒+DS80 Pro+视频拼接器方案架构

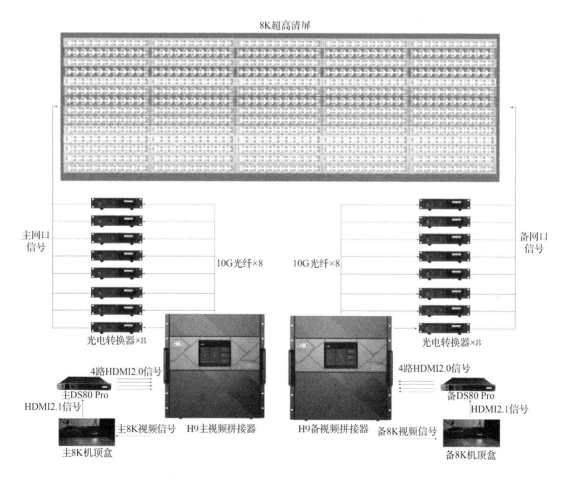

图 3-1-17　满足主备切换及远距离传输的 8K 控制系统方案架构

3．方案调试

1）显示屏连接

8K 超高清屏在点亮前需要进行显示屏连接。控制系统方案图输出后，可以依据图纸上的接收卡带载方式和走线方式进行显示屏连接。

8K 超高清屏是由多个网口带载的，目前 H 系列视频拼接器的一张网口输出板卡上最多有 20 路网口输出，每张网口输出板卡在显示屏连接界面中都需要单独进行连线配置，因此显示屏连接需要根据使用的网口输出板卡数量，在软件上设置相应的屏体数量，并按照图纸上的连线完成，如图 3-1-18 所示。

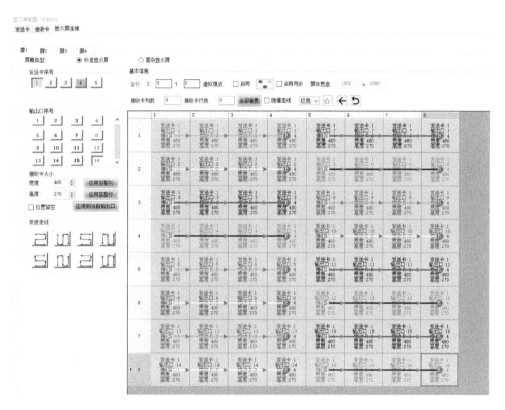

图 3-1-18　显示屏连接

2）视频拼接器设置

显示屏连接完成后，就可以对 H 系列视频拼接器进行配屏及编辑输入源来点亮屏体了。将计算机和视频拼接器连到同一个局域网，并将计算机 IP 地址和视频拼接器 IP 地址设置成同一个网段（视频拼接器默认 IP 地址为 192.168.0.10）。设置完成后打开浏览器，输入视频拼接器默认 IP 地址，登录设备（默认用户名和密码均为 admin）。

登录完成后，根据当前设备所带载屏体的结构，选择对应的输出网口板卡进行 8K 超高清屏配屏，如图 3-1-19 所示，配屏完成后单击"保存"按钮。

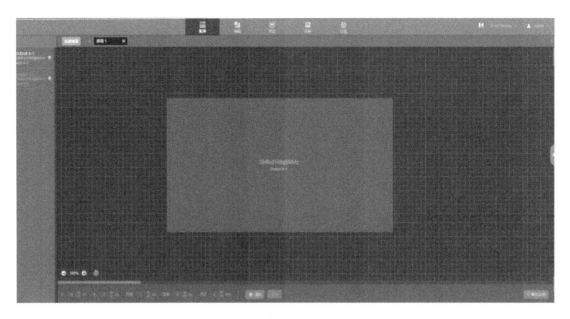

图 3-1-19 8K 超高清屏配屏

3）添加图层

8K 超高清屏配屏完成后，进入编辑界面即可添加对应的输入源图层。选择输入列表中的输入源，长按鼠标左键并将其拖动至屏幕编辑区，按点对点调整好输入源的大小和对应的显示区域后即可完成屏体点亮。此时只需在输入列表左边选中对应的 4 个信号并将其拖动到屏幕编辑区，按照点对点调整大小并映射到大屏对应的位置，便可以点亮此设备带载下的 8K 超高清屏，如图 3-1-20 所示。

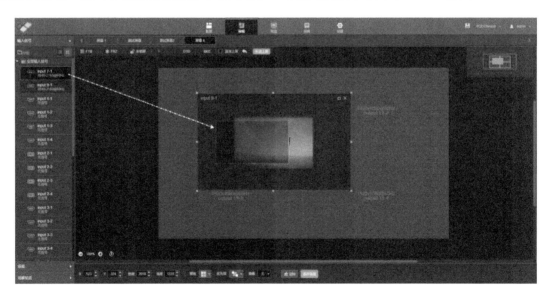

图 3-1-20 编辑点亮屏体

4. 案例分享

北京冬奥会转播项目需要做 5G 8K 的央视转播屏，请给出完整方案并在冬奥会前正常点亮和转播。

1）输出控制系统方案图

先确认项目播放场景为 8K 机顶盒输入到 DS80 Pro，再通过 DS80 Pro 输出 4 路 HDMI2.0 信号到 H15，最后通过网口输出板卡到屏体完成点对点方案。

通过屏体大小计算出网口数量及输出板卡数量，根据应用场景输出控制系统方案图，如图 3-1-21 所示。

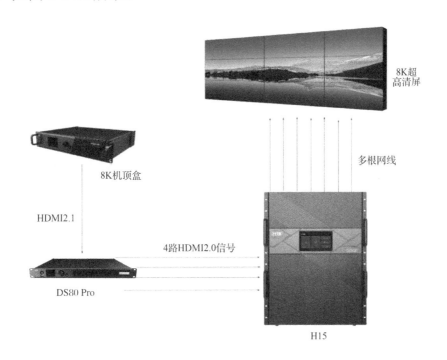

图 3-1-21　5G 8K 转播屏方案

2）硬件连接

根据控制系统方案图和项目施工图纸，把现场设备的板卡及网线全部连接完成，如图 3-1-22 所示。整体架构为 8K 机顶盒通过 HDMI2.1 输出信号到 DS80 Pro，一分四出来 4 路 HDMI2.0 信号给到 H15 的 4 张 4K 输入板卡。软件上通过开 4 个窗口把屏幕分为"田"字形，最后通过多张 20 网口输出板卡带载整个 8K 超高清屏。

图 3-1-22　现场硬件连接图（局部）

3）点亮测试

打开浏览器，在 Web 端登录设备，添加完 8K 超高清屏后进行视频源编辑，将 DS80 Pro 输出的 4 个 HDMI2.0 视频源按照实际点对点的分辨率映射，完成后 8K 超高清屏正常显示，如图 3-1-23 和图 3-1-24 所示。

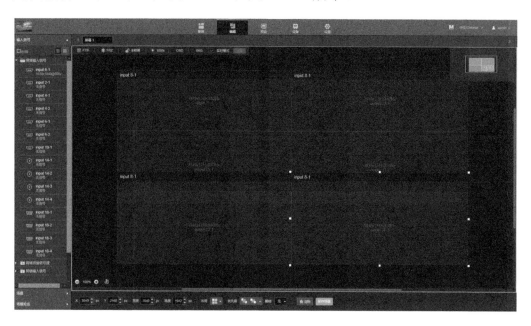

图 3-1-23   软件调试

图 3-1-24   最终效果展示

3.2 异形屏方案

3.2.1 花瓣屏方案

1. 方案概述

花瓣屏属于异形屏的一种，而且通常会被当作标志性屏体建筑项目，树立在城市户外公园。花瓣屏建筑整体外观的艺术性设计和科技感，足以使其成为园区亮点，使得园区成为当地居民享受户外美景、吸引外地游客观光的最佳选择。图 3-2-1 所示为漯河市银滩乐园花瓣屏项目，基于 LED 显示屏本身的特性，花瓣屏的"绽放"及内容播放不受当地气温、环境等因素的影响。无论是广告宣传，还是庆祝传统佳节、重大时政宣导，通过花瓣屏的呈现和内容传播都能引起更多人的关注和了解，是一个地区、一座城市倡导精神文明建设的有效手段。

2. 方案特点

图 3-2-1　漯河市银滩乐园
花瓣屏项目

花瓣屏项目设计源于花朵的外形，花朵的特点直接影响屏体本身的设计。以图 3-2-1 为例，花瓣屏的主屏本身为花朵形状，支撑花朵的枝干通常利用灯带有序缠绕的方式呈现，枝干呈现的颜色配合花朵本身显示，这里不做赘述。

花朵本身具有颜色多样化的特点。另外，花朵的每片花瓣皆有物理相同性，这一点对花瓣屏项目的调试非常重要。

花瓣屏本身使用的 LED 箱体均为大间距箱体，如灯栅屏、灯带屏等。其最佳观看距离一般在 30m 以外，屏体像素点间距一般在 P10、P12 及以上。基于花瓣屏本身像素点间距大的特点，全屏分辨率不会很高，通常一台 4K 级别的主控设备就能胜任。

3. 方案调试

花瓣屏属于异形屏的一种，为保证屏体本身的外观特点，花瓣边缘采用 LED 异形箱体构造。这种情况通常需要现场调试人员通过软件制作很多异形箱体的配置文件，去适配现场的实际情况，这也是这类项目最为重要和费时的一项工作。根据灯板的物理拼接情况进行异形箱体的构造配置，保证画面完整拼接。

由于项目本身的灵活性、可拓展性，项目实际搭建和所提供的工程图纸可能存在差别，因此需要现场调试人员实地确认所有参数细节，以免影响正式调试。

在一般情况下，花瓣屏项目通常在室外，现场调试人员会受到雨雪等不良天气状况的影响。另外，白天环境下的光照也会对项目调试产生一定影响，而夜晚环境下更便于调试人员清晰地观察到调试中存在的各种情况，因此这类项目的调试通常选择在夜晚的外界环境下进行。

4．案例分享

某公司在江苏省盐城市南海公园曾实施过一个 LED 显示屏商显项目，该项目使用诺瓦星云的控制系统。

案例为三朵五瓣花造型的 LED 显示屏，分别是一个大花瓣屏和两个小花瓣屏。大花瓣屏在中间，其五片花瓣尺寸相同，所有接收卡的级联方式一致；两个小花瓣屏分别在左右两边，十片花瓣尺寸相同，所有接收卡的级联方式一致。

项目使用 P12 模组完成不同尺寸的箱体拼装，存在大量不同规格的异形箱体，调试任务重、难度高。项目现场施工实拍图如图 3-2-2 所示。

图 3-2-2　南海公园 LED 显示屏商显项目现场施工实拍图

1）现场硬件架构及设备参数

前端通过 Hirender 媒体服务器提供定制版的视频，由一台 4K 级别的视频控制器设备输出到 LED 显示屏。现场硬件架构如图 3-2-3 所示。

Hirender媒体服务器　　　HDMI2.0　　　　　　　　　　　　　花瓣屏

图 3-2-3　现场硬件架构

现场软硬件设备清单如表 3-2-1 所示。

表 3-2-1　现场软硬件设备清单

类别	型号	数量
控制器	V1260	1 台
接收卡	MRV328	300 张
视频输入设备	Hirender 媒体服务器	1 台

2）现场调试

整体调试思路如下。

（1）需要通过 NovaLCT 配置软件，完成两种类型模组的配置文件。

（2）参考现场 CAD 图纸确认箱体结构参数，利用模组配置文件构造异形箱体。

（3）计算每张接收卡带载箱体的大小，制作每个花瓣屏的显示屏连接图。根据现场施工单位提供的 CAD 图纸，通过计算每个箱体的像素尺寸及分布，逐一修改图纸与实际施工安装不相符的地方。要确认每个花瓣屏的参数无误，制作复杂显示屏连线图，将整屏拼接起来。计算坐标时要仔细认真，对每个坐标位置进行确认，才能确保最终显示画面的完整。

当前现场花瓣屏所使用的灯板为两种：20×20 像素尺寸、10×20 像素尺寸。两种灯板都是非常规灯板，需要使用异形灯板进行点亮，如图 3-2-4 和图 3-2-5 所示。

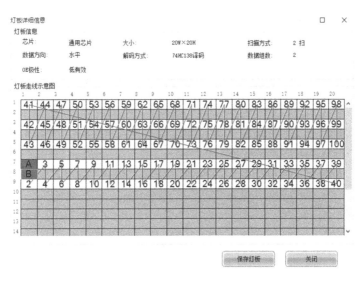

图 3-2-4　20×20 灯板详细信息

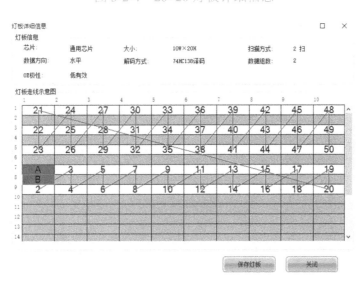

图 3-2-5　10×20 灯板详细信息

（4）接收卡参数文件管理。这类现场的接收卡配置文件很多，如在本案例中共有 300 张接收卡，不同接收卡配置文件的保存路径一定要清晰明了。可以设置自己的项目编号规则，确保正确的配置文件能准确发送到对应的接收卡中，如图 3-2-6 所示。

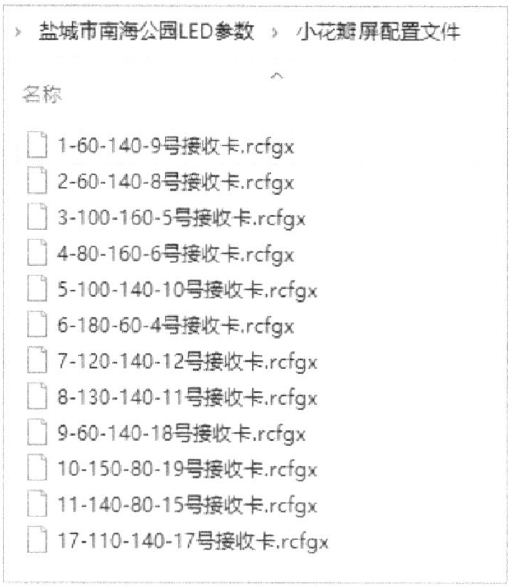

› 盐城市南海公园LED参数 › 小花瓣屏配置文件
名称
1-60-140-9号接收卡.rcfgx
2-60-140-8号接收卡.rcfgx
3-100-160-5号接收卡.rcfgx
4-80-160-6号接收卡.rcfgx
5-100-140-10号接收卡.rcfgx
6-180-60-4号接收卡.rcfgx
7-120-140-12号接收卡.rcfgx
8-130-140-11号接收卡.rcfgx
9-60-140-18号接收卡.rcfgx
10-150-80-19号接收卡.rcfgx
11-140-80-15号接收卡.rcfgx
17-110-140-17号接收卡.rcfgx

图 3-2-6　接收卡参数文件管理

（5）灯板点亮后，需要使用异形箱体的功能进行 LED 箱体构造，如图 3-2-7 所示。

(1,1)
(2,1)
(3,2) (3,1)
(4,2) (4,1)
(5,3) (5,2) (5,1)
(6,3) (6,2) (6,1)
(7,4) (7,3) (7,2) (7,1)
(8,4) (8,3) (8,2) (8,1)
(9,5) (9,4) (9,3) (9,2) (9,1)
(10,5) (10,4) (10,3) (10,2) (10,1)
(15,4) (15,3) (15,2) (15,1) (13,1) (11,1)
(16,4) (16,3) (16,2) (16,1) (14,1) (12,1)

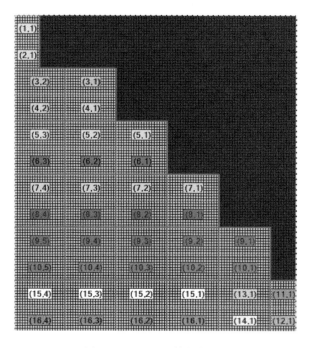

图 3-2-7　LED 箱体构造

（6）箱体构造完成后，需要进行复杂显示屏连接，如图 3-2-8 所示。

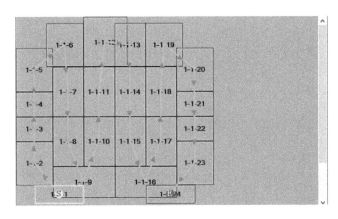

图 3-2-8　复杂显示屏连接

（7）本案例项目的调试完成效果如图 **3-2-9** 所示。

图 3-2-9　调试完成效果

项目经验分享

❖ 复杂现场类的调试，一定要准备好必要的施工图纸及工具，并与实际现场情况进行比对。

❖ 花瓣屏项目实施需要很好的基础知识积累，主要涉及异形模组配置、异形箱体构造、复杂显示屏连接 3 方面。

❖ 在现场配置过程中，针对以上 3 方面的内容，做好分类，文件做好编码。

❖ 在现场调试过程中，要保持良好的心态来处理时间短、任务重的项目。

57

3.2.2 球形屏方案

1. 方案概述

球形屏属于 LED 显示屏的特殊应用。早些年，如果广场上出现一个大平面的 LED 显示屏，那么人们会惊讶好大的"电视机"，现在这些"大电视机"已经不能满足人们的猎奇心理了。但如果广场上出现一个 LED 球形屏，那么它将是聚集人气的产品。对于观看者，在球形屏上可以看到一幅完整的画面，就像地球仪一样，如图 3-2-10 所示。球形屏经常作为一些标志性的设计产品，用在一些高端的场合，如建筑物的外墙、展厅、虚拟现实的体验馆等。

图 3-2-10　球形屏

球形屏分为外球与内球。对于观看者从球体外部观看的球形屏，通常称为外球；对于观看者从球体内部观看的球形屏，通常称为内球。对于设计者，外球与内球是一样的，设计者需要考虑的是如何把一个矩阵的图像显示在一个非矩形的屏体上，这是该方案设计的要点。

2. 屏体分类

现在市面上常见的 LED 球形屏一般为西瓜皮球屏、三角形球屏、六面球形屏、矩形偏移拼接球屏 4 种。

1）西瓜皮球屏

西瓜皮球屏是市场上最早出现的球形屏，它由西瓜皮状模组组成，如图 3-2-11 所示。优点是结构直观、制作方便、模组种类少、进入门槛较低、普及较快；缺点是南北两极（北纬 45°以北，南纬 45°以南）不能播放图像，因此画面利用率低。这是因为所有的图像视频源都是由成行成列排列的像素点组成的，而西瓜皮球屏的南北两极像素点是圈状排列的像素点，因此难以显示。

2）三角形球屏

三角形球屏是受到足球的启发，使用三角形组成五边形和六边形，最终组成一个球形的球形屏，即平面三角形模组组成的球形屏，俗称足球屏，如图 3-2-12 所示。三角形球屏解决了西瓜皮球屏的南北两极不能播放图像的问题，画面利用率大大提高。缺点是模组种类较多，同时受像素点为蜂巢形排列的限制，点间距不能太小，而且因为模组都是三角形，使用控制系统点亮灯板也很烦琐，整体技术门槛较高。

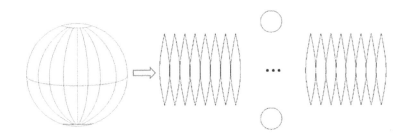

图 3-2-11　西瓜皮球屏

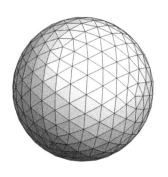

图 3-2-12　三角形球屏

对于西瓜皮球屏和三角形球屏，在点亮模组时，必然存在多个驱动 IC 引脚控制不规律的情况。因此，在点亮模组时，需要在控制系统端做处理，修改控制系统中的像素点坐标映射表（模组上每颗灯珠与输入到接收卡图像中像素点的对应关系）。在 LED 常规矩形屏中，模组上第一颗灯珠对应图像中第一个像素点，第二颗灯珠对应图像中第二个像素点，这种灯珠与像素点的对应关系，就叫作像素点坐标映射表。通过修改像素点坐标映射表，可以使第一颗灯珠显示其他任意像素点。在 LED 球形屏中，通过修改每颗灯珠的像素点坐标映射表来修改显示的像素点，能够实现图像中像素点在球形屏上的均匀分布。但由于不同尺寸规格模组的情况不同，这样点亮模组的工作量是非常烦琐和巨大的。一个球形屏的接收卡配置文件数量甚至会高达 100 多个。

3）六面球形屏

六面球形屏由 6 个四边形模组组成，如图 3-2-13 所示。它的布点更接近平面的 LED 显示屏，模组种类较三角形球屏要少。进入门槛相对较低，限制不大或几乎没限制，因此效果较三角形球屏好得多。这种方案是先将一个球形屏分成 6 个形状大小完全相同的画面，再将每个画面分成 4 个形状大小完全相同的单元箱体，一共 24 个单元箱体。每个箱体由 16 个模组组成，最终组装成一个六面球形屏。

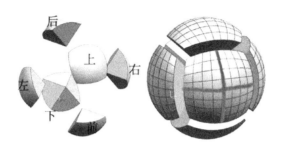

图 3-2-13　六面球形屏

六面球形屏方案可以将模组放进航空箱，拆装方便，便于租赁商使用。可以将一个球形屏分成 6 个相同的画面，即上、下、左、右、前、后；也可以通过软件，将一个视频源在整个球面上进行播放。如图 3-2-14 所示。

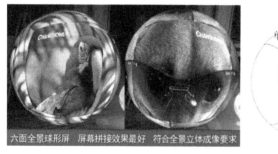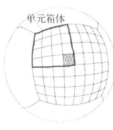

图 3-2-14　播放画面展示

4）矩形偏移拼接球屏

矩形偏移拼接球屏是指通过规则矩形箱体的偏移拼接，以搭积木的形式，搭建一个类似金字塔的形状，构成一个球形屏，如图 3-2-15 所示。

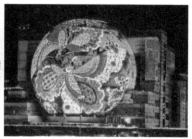

图 3-2-15　矩形偏移拼接球屏

矩形偏移拼接球屏方案的优点是模组规整、点亮方便。缺点也很明显，那就是需要针对实际模组偏移的像素点进行调整，连屏设置烦琐，如图 3-2-16 所示；要确保相邻行之间箱体的偏移正确，若偏移不正确，则会出现图像错位的现象，如图

3-2-17 所示；顶点处的图像无法完整显示。这种方案比较适用于仅显示部分球体的现场。

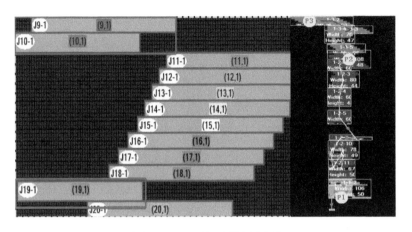

图 3-2-16　连屏设置烦琐

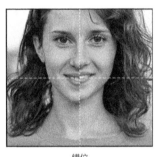

错位　　　　　　　　　　　　正常

图 3-2-17　图像错位

3.2.3　旋转屏方案

1. 方案概述

在一些娱乐性场景中会使用旋转屏来提升观看的效果，营造娱乐氛围，这类屏体常见于演唱会、酒吧等场所，如图 3-2-18 所示。

在旋转屏方案中，各 LED 箱体都能以不同的角度进行旋转。虽然 LED 箱体布放的物理位置是旋转的，但上面显示的画面并不能旋转，仍是正常显示的。各 LED 箱体以不同角度进行布放，最终拼成一个整体的大屏，从而全部显示。

图 3-2-18　旋转屏示例

旋转屏方案中所说的旋转，是指任意角度的旋转，而不是指只能以 90°的倍数进行旋转。而一旦将画面旋转，画面质量一定不如旋转前。因为旋转的时候，像素坐标会重新映射，加上旋转之后的箱体像素位置无法做到"横平竖直"。因此，旋转后一定会出现误差，画面质量会下降。对于 LED 箱体不同的旋转角度，需要做不同的单独处理。现在比较常见的旋转方案主要有视频源旋转、视频处理器旋转、控制器旋转、接收卡旋转。

1）视频源旋转

视频源旋转需要提前掌握每个 LED 箱体的安装位置与旋转角度，基于此进行视频源制作，使得视频中的相应位置出现画面旋转，刚好与实际的箱体实现匹配，LED 显示屏中的图像就可以正常显示，而不会随着箱体的物理旋转角度进行旋转。

优点：不需要进行现场设置，只需按预定的位置安装 LED 箱体即可。

缺点：视频源制作复杂，是一项耗时、耗力的工作；由于特定的 LED 显示屏安装位置需要特定的视频源来匹配，因此方案应用不灵活。

2）视频处理器旋转

通过视频处理器设置不同的窗口，用窗口实现画面旋转。设置窗口分辨率、旋转角度与箱体的物理分辨率、旋转角度一致，所以 LED 箱体也可以正常显示。

优点：方案灵活，窗口可以实现任意角度旋转，因此 LED 箱体可以任意角度安装；由于视频处理器具备图像处理算法，所以旋转效果良好。

缺点：可以实现此功能的视频处理器价格相对较贵。

3）控制器旋转

使用具备任意角度旋转功能的控制器，也可以实现每个 LED 箱体的旋转。

优点：方案灵活，用控制器可以实现任意角度旋转，因此 LED 箱体可以任意角度安装；由于控制器具备图像处理算法，所以旋转效果良好。

缺点：市面上可以实现此功能的控制器型号不多。

4）接收卡旋转

通过修改接收卡中每个显示像素的坐标，同样可以实现每个 LED 箱体的旋转。

优点：方案灵活，旋转每张接收卡的像素坐标，可以实现任意角度旋转，因此 LED 箱体可以任意角度安装。

缺点：使用常规操作无法实现此功能，必须依靠特殊的软件工具、特定的制作方法及专业人员；由于没有图像处理算法，只是单纯的像素坐标，所以旋转效果不佳。

综上所述，从方案的灵活性、显示效果、设备多样性等多个角度考量，现阶段现场使用最多的旋转方案是视频处理器旋转。

2. 方案执行

1）需求收集

收集用户的项目需求，包括以下 5 项。

（1）每块屏体在图像中的位置与旋转情况。

（2）确定每个网口的带载情况。

（3）有多台控制器带载时，需要获取每台控制器的带载能力与级联情况。

（4）确定用户现有的设备型号与设备参数，要考虑设备的兼容性。

（5）用户期望的旋转方案。

2）方案设计

根据收集到的项目信息进行方案设计，包括以下 3 项。

（1）旋转方案的确定。

（2）提供旋转的操作方法和对应工具。

（3）控制器与接收卡的带载连线图。

3. 案例分享

在某商演现场需要摆放一组 LED 显示屏，这组 LED 显示屏由 6 块小屏组成，每块小屏的分辨率为 100×200，每块小屏之间都有物理上的间隙，由一张接收卡来带载，屏体一共有 30°、90°、330° 三个旋转角度，如图 3-2-19 所示。用户要求：屏体播放画面不能旋转；旋转方案越简单越好；视频都是正视画面，没有旋转后的视频。

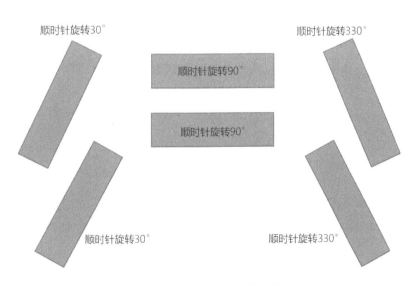

顺时针旋转30°　　　　　　　顺时针旋转330°

顺时针旋转90°

顺时针旋转90°

顺时针旋转30°　　　　　　　顺时针旋转330°

图 3-2-19　现场示例图

1）项目需求收集

（1）在 6 块小屏中，左边 2 块顺时针旋转 30°，中间 2 块顺时针旋转 90°，右边 2 块顺时针旋转 330°。

（2）每块小屏的分辨率为 100×200，一个网口可带载现场的 6 块小屏。

（3）单设备带载，不需要级联。

（4）暂无其他设备。

（5）用户期望的旋转方案越简单越好。

2）方案设计

设计旋转方案时，主要是确认以哪种方式进行旋转，选择适合当前项目的方案。当前项目的旋转方案如下。

（1）用户明确表示不会使用视频源旋转，因此排除此方案。

（2）用户要求成本最优，而具有旋转功能的视频处理器会带来一定的成本，因此排除此方案。

（3）由于用户没有专业的技术人员，不能给用户推荐复杂的操作方案，因此接收卡旋转方案也被排除。

（4）最终，给用户推荐控制器旋转方案，此方案性价比良好，旋转操作简单；推荐使用诺瓦星云的 MCTRL R5，配合 V-Can 软件，可以实现视频源的自由旋转，如图 3-2-20 所示。

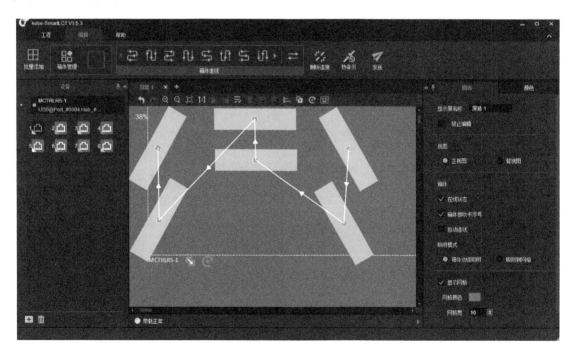

图 3-2-20　视频源旋转软件界面

3.3　低延迟显示系统解决方案

▶ 3.3.1　方案概述

近年来，LED 显示屏凭借高亮度、大尺寸、拆装方便等独特优势，已被广泛应用到各类大型体育赛事、重大节庆仪典及演唱会等场景化活动中。特别是高清与智能化 LED 显示屏的出现，让 LED 显示屏在现场直播领域应用越来越广泛。

对于现场直播业务，最大的挑战来源于信号延迟，即 LED 显示屏的画面内容与现场实时场景无法同步。在活动现场，由于观看角度或距离原因，很大一部分观众只能依赖显示屏实时获知现场情况。此时，如果 LED 显示屏延迟较高，会极大地影响现场观众的观看体验，使其无法融入活动现场的氛围中，导致 LED 显示屏现场转播的实际效果大打折扣。

在图 3-3-1 所示的一场演唱会中，由于画面延迟，现场 LED 显示屏画面与舞者实际动作存在明显差异。实际舞者已经跳起，但背景 LED 显示屏中的舞者却还未起跳。仅仅延迟数秒钟就会导致现场观众体验感大幅降低。因此，对于演唱会、大型体育赛事等对现场同步性要求极高的场景，一套成熟的、体系化的低延迟显示系统解决方案尤为关键。

图 3-3-1　某演唱会中 LED 显示屏有延迟与低延迟的显示效果对比

1. 延迟产生的原因

想要在硬件设计、方案配置层面缓解高延迟带来的不利影响，设计一套可行的低延迟显示系统解决方案，就必须清楚整个系统从视频源到终端 LED 显示屏全链路中具体的延迟帧数及产生原因。图 3-3-2 所示为一套常见的 LED 视频链路架构。

视频源信号在通过视频处理器、LED 控制器、接收卡并最终显示到 LED 显示屏的过程中，受制于整个系统的硬件结构和功能设计，信号传输、处理的每个环节中都有不同程度的信号延迟。

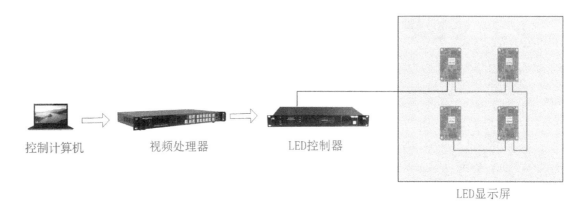

图 3-3-2　常见的 LED 视频链路架构

通常，控制计算机会将视频源以 HDMI 或 DVI 等信号的方式传输给对应的视频处理器，视频处理器会将接收到的视频源信号进行缩放、画质调节、翻转等操作，并根据播放需求将处理后的视频源信号以特定类型数、模拟信号的方式传输给 LED 控制器。由于在该过程中需要对视频源进行缩放等具体的操作，系统需要一定的计算时间。同时，由于信号输入、输出帧数设置不一致，故需要进行帧缓存操作，导致在该过程中，通常存在 2 帧的信号延迟。

LED 控制器的视频解码芯片会对外部输入的视频源信号进行解码，并将解码后的信号传输给板载 FPGA，板载 FPGA 通过内部的 RAM 进行缓存，并对信号进行更换时钟域和位宽变换等操作，随后数据经由 RAM 通过并/串转换后传输给网络芯片，网络芯片按照特定的网络格式将接收到的数据进行解码并输出网口。在该过程中，通常存在 1 帧的信号延迟。

接收卡以网线传输的方式通过网口接收到 LED 控制器输送的信号，由接收卡板载 FPGA（Field Programmable Gate Array，现场可编程门阵列）对其进行解码操作，并将信号打包输送到接收卡输出接口处，通过与模组接口定义相吻合的 HUB 接口控制模组驱动 IC。信号从输入接收卡到 HUB 接口输出的过程中，通常存在 2 帧的信号延迟。

模组接收到接收卡传输的信号后，模组驱动 IC 和译码 IC 分别控制模组实际的行、列电流，最终在 LED 显示屏上显示视频源画面。而不同型号的驱动 IC 同样会对最终的画面延迟产生一定程度的影响。通常来讲，通用 IC 在驱动过程中不存在信号延迟，而 PWM IC 尽管拥有高刷新率、高灰阶、高恒流精度等优势，但由于其特殊的硬件结构，采用 PWM IC 的模组通常存在 1 帧的信号延迟。

通过上述内容，可以了解一个视频源信号从控制计算机到最终显示在 LED 显示屏上的过程中，信号在各部分传输路径中均存在具体的延迟帧数。而在实际计算中，系统最终的画面延迟为信号传输、处理过程中各部分的延迟总和，即视频处理器延迟+LED 控制器延迟+接收卡延迟+驱动 IC 延迟。系统延迟示意图如图 3-3-3 所示。

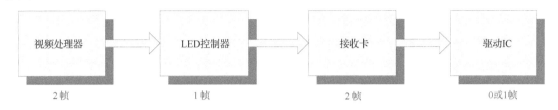

图 3-3-3　系统延迟示意图

对于通用 IC 驱动的 LED 显示屏，通常整个画面的延迟帧数为视频处理器 2 帧+LED 控制器 1 帧+接收卡 2 帧+通用 IC 0 帧=5 帧；对于 PWM IC 驱动的 LED 显示屏，通常整个画面的延迟帧数为视频处理器 2 帧+LED 控制器 1 帧+接收卡 2 帧+PWM IC 1 帧=6 帧，如表 3-3-1 所示。

表 3-3-1　系统延迟帧数

类别	视频处理器	LED 控制器	接收卡	驱动 IC	总延迟帧数
通用 IC 显示屏	2 帧	1 帧	2 帧	0 帧	5 帧
PWM IC 显示屏	2 帧	1 帧	2 帧	1 帧	6 帧

由于系统通常采用 60Hz 视频源，故 1 帧画面延迟时间为 1/60s≈16.7ms。因此，5 帧画面延迟时间约为 16.7×5=83.5ms，6 帧画面延迟时间约为 16.7×6=100.2ms。对于这样的延迟时间，人眼已经比较容易察觉出来了。

2. 系统延迟的验证

为了更科学地验证视频源信号从接入 LED 控制器之前到最终显示在 LED 显示屏上的过程中，存在规则且有序的信号延迟，本书设计了以下场景用于测试。

现场使用一台普通计算机，通过测试画面提供纯黑、纯白视频源，使用诺瓦星云的 1 台 MSD300 LED 控制器及 1 张 A8s 接收卡，控制 1 块通用 IC 驱动的模组。图 3-3-4 所示为系统延迟测试结构框架。

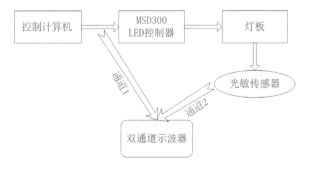

图 3-3-4　系统延迟测试结构框架

由于人眼观看误差较大，故采用光敏传感器测试屏体高精度的色差变化及时间。现场一台双通道示波器的通道 1、2 分别检测 LED 控制器的输入信号和光敏传感器的输出信号。当 LED 控制器接收到视频源信号时，通道 1 会产生 1 个上升沿响应，当显示屏画面从黑到白变化时，通道 2 会产生 1 个上升沿响应。通过 2 个上升沿的时差就是视频源信号从接入 LED 控制器到显示到 LED 显示屏上的过程中存在的延迟时间。

图 3-3-5 所示为双通道示波器最终的测试波形，其中，黄色信号（信号 1）为 LED 控制器数据通道的波形，绿色信号（信号 2）为光敏传感器接收通道的波形。最终的测试结果显示，在双通道示波器画面中，信号 1 与信号 2 的上升沿响应分别出现在 A 点与 B 点，且两点存在 50ms 的时间差，这就意味着 LED 控制器的输入信号和光敏传感器的输出信号之间存在 50ms 的延迟。

图 3-3-5　双通道示波器最终的测试波形

经过数十次同样标准的测试，双通道示波器画面显示信号 1 与信号 2 产生第一次上升沿响应的时间间隔均为 50ms 左右。由于视频源信号为 60Hz，故 0.05/(1/60)=3，即视频源信号从接入 LED 控制器到显示到 LED 显示屏上的过程中共产生 3 帧信号延迟。

上述结果与此前的理论计算保持一致，从应用层面验证系统存在一定帧数延迟。

▶ 3.3.2　方案特点

低延迟显示系统解决方案顾名思义，就是通过硬件系统及软件调试将整个显示系统的信号延迟时间降下来。为达到这个目的，一方面应尽量精简显示系统的架构，根据视频源信号扫描逻辑设计特殊的走线形式；另一方面需要使用特殊的信号处理策略降低缓存数据，在一般情况下要使用软件进行特殊的设置。

3.3.3　方案执行

低延迟显示系统解决方案的实施过程中存在方案配置、系统设置等层面的部分限制。

并非所有的设备都具有低延迟功能，在配置低延迟显示系统解决方案时，必须使用特定的产品组合，这些产品一般面向租赁或广电等对延迟要求较高的行业。诺瓦星云支持低延迟功能的设备如表 3-3-2 所示。

表 3-3-2　诺瓦星云支持低延迟功能的设备

设备类型	具体型号
LED 控制器	MCTRL660 Pro、MCTRL 4K
接收卡	A8s、A10s plus
视频拼接器	PRO UHD Jr、H 系列

开启低延迟功能时，系统的部分功能及模式受到限制，如 GENLOCK 功能、镜像功能等，在调试的过程中建议根据具体设备进行确认。

开启低延迟功能时，接收卡带载及显示屏配屏部分存在限制：单网口的带载宽度需要小于或等于 512 像素，且显示屏配置单网口走线必须纵向带载，低延迟时网口带载走线的正确形式如图 3-3-6 所示，低延迟时网口带载走线的错误形式如图 3-3-7 所示。

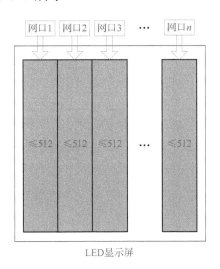

图 3-3-6　低延迟时网口带载走线的正确形式　　图 3-3-7　低延迟时网口带载走线的错误形式

3.3.4　案例分享

在常规控制系统中，视频源从接入视频处理器到最终显示在 LED 显示屏上的过程中，存在 5 帧或 6 帧的信号延迟。而在大型体育赛事的现场直播等 LED 显示

69

屏应用场景中，现场观众对 LED 显示屏画面延迟的敏感度较高，普通的 LED 显示屏解决方案很难满足现场观众的观看需求。

在这一背景下，必须使用特殊的低延迟显示系统解决方案。通过此类方案可以有效降低视频源信号在系统各环节中的延迟帧数，大幅提升 LED 显示屏在现场直播等场景下的应用价值。

在某小型演播厅中，两侧屏要求实时播放现场观众与嘉宾画面，用户要求整个系统显示延迟控制在 3 帧以内。在此方案设计中，为满足较高的延迟要求，必须使用全链路的系统方案。下面以诺瓦星云低延迟显示系统为例，介绍低延迟显示系统的调试步骤。

1. 方案一

（1）方案配置型号如表 3-3-3 所示。

表 3-3-3　方案配置型号

设备类型	具体型号
LED 控制器	MCTRL660 Pro
接收卡	A8s
LED 显示屏	PWM IC

MCTRL660 Pro 及 A8s 均支持低延迟功能，其系统架构如图 3-3-8 所示。

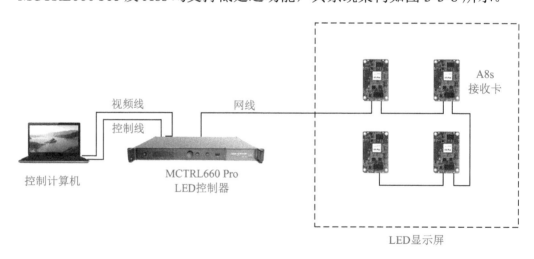

图 3-3-8　方案一的系统架构

（2）软件调试步骤。该方案在开启低延迟功能时，需要在诺瓦星云显示屏调试软件 NovaLCT 中进行设置。在设置栏中选择"显示屏效果调节"选项，勾选"发送卡低延迟"及"接收卡低延迟"复选框。具体操作步骤如图 3-3-9 和图 3-3-10 所示。

图 3-3-9 在设置栏中选择"显示屏效果调节"选项

图 3-3-10 勾选"发送卡低延迟"及"接收卡低延迟"复选框

在 NovaLCT 中开启低延迟功能前，系统信号延迟为 4 帧。而发送卡及接收卡开启低延迟功能后，系统信号延迟明显降低，变为 2 帧左右。

2. 方案二

在方案一中，控制器的带载能力较小，比较适合小型活动现场。在大型活动现场中，使用方案一需要将多台 LED 控制器进行级联，这样会增加故障风险点。故在有系统延迟要求的大型活动现场中，可以考虑使用诺瓦星云的 H 系列视频拼接器、A8s 接收卡、PWM IC 的显示方案，其系统架构如图 3-3-11 所示。H 系列视频拼接器的信号延迟通常为 4 帧或 5 帧，A8s 接收卡为 2 帧，PWM IC 为 1 帧，因此方案二总延迟为 7 帧或 8 帧，在开启发送卡及接收卡低延迟功能后，系统信号延迟大幅降低，变为 4 帧或 5 帧。

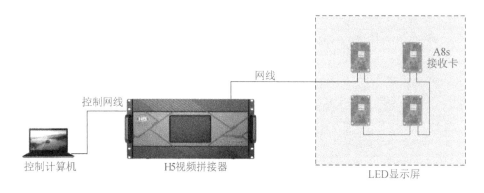

图 3-3-11　方案二的系统架构

3.4　远距离传输解决方案

3.4.1　方案概述

随着 LED 显示屏应用领域的不断扩展，LED 显示屏可保障的活动现场面积越来越大，远距离传输已经成为 LED 显示屏控制系统必须考虑的问题。

LED 显示屏控制系统的信号一般是利用网线进行传输的。大型活动现场由于场地大、设备多等原因，会将设备统一放置在指定位置，这样就会导致控制器与接收卡之间的距离变长。一般网线的传输距离为 80m 左右，当超过这个传输距离时，会因为传输过程中信号衰减或信号反射出现干扰，使得 LED 显示屏在播放过程中出现局部黑屏、闪屏等异常现象。

同理，视频源与控制器之间、视频源与视频处理器之间的距离过长，也是需要解决的问题。普通 DVI 线的最大传输距离只有 5m，HDMI 线的传输距离在 30m 左右，当超过这个距离时，传输的信号就会产生衰减，导致 LED 显示屏出现闪屏、闪点等异常现象。

综上所述，在大型活动现场要解决远距离传输问题，首先需要解决网线和视频线过长产生的信号衰减问题。下面介绍行业内常用的对应处理方案。

1. 利用光纤收发器完成远距离传输

常见的光纤收发器又称光电转换器，其传输架构如图 3-4-1 所示，LED 显示屏控制器将所要显示的画面内容转换成电信号，先通过网线传输至光纤收发器，转换为光信号后通过光纤进行远距离传输，再通过另一台光纤收发器将光信号转换为电信号传输至接收卡，最终在 LED 显示屏上输出画面。

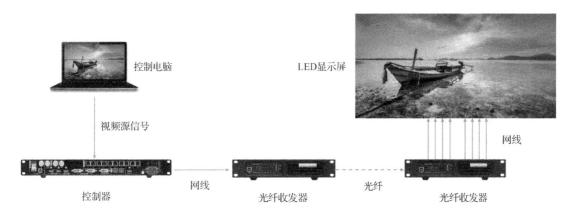

图 3-4-1　光纤收发器的传输架构

2. 利用光纤完成远距离传输

光纤的传输架构如图 3-4-2 所示，以 DVI 信号传输为例，视频处理器将 DVI 信号传输至 DVI 转光纤设备（见图 3-4-3）。通过转换，将 DVI 信号转换为光信号，利用光纤进行远距离传输。在光纤另一头将光信号转换为 DVI 信号传输至 LED 控制器，由 LED 控制器将信号处理后传输至接收卡，最终在 LED 显示屏上输出画面。

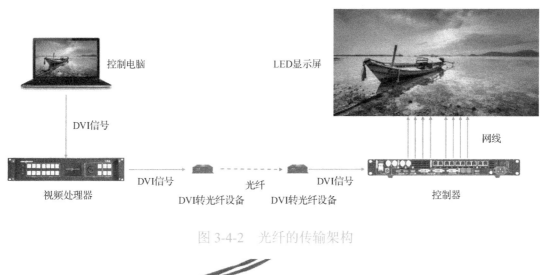

图 3-4-2　光纤的传输架构

图 3-4-3　DVI 转光纤设备

利用光纤进行远距离传输时，可以将信号稳定传输至对应端，传输过程抗干扰能力强、传输距离长，可充分解决场地大屏与设备或信号源距离过长的问题。此外，光纤传输频带宽、通信容量大、保密性强的特性，也使得这两种传输方案可在特殊

73

环境中使用。

目前，行业内已具有多种通用的光纤解决方案及配套设备，可有效解决远距离传输问题。

3.4.2 方案执行

对于一些比较重要的场合或重大的项目，为了减少不同厂家、不同硬件平台设备不兼容等因素带来的潜在风险，大多数时候需要使用全套的显示解决方案，尤其是远距离传输解决方案。为此，行业内各厂家除了支持通用的光纤设备，还会开发各自的专用设备。例如，诺瓦星云为了解决远距离传输问题，研发了一系列可用于光纤传输的光纤收发器，以适应不同的应用场景，如表 3-4-1 所示。

表 3-4-1　诺瓦星云研发的光纤收发器

型号	转换网口数量	传输速率	传输距离
CVT310	1	1.25Gbit/s	300m
CVT320	1	1.25Gbit/s	15km
CVT4K-S	16	10Gbit/s	10km
CVT4K-M	16	10Gbit/s	300m
CVT10-S	10	10.3125Gbit/s	10km
CVT10-M	10	10.3125Gbit/s	300m

除此之外，部分高端 LED 控制器集成了光纤接口，可以直接输出光纤信号，如 MCTRL 4K、H 系列产品等。还有一些 LED 控制器具有光电转换模式，可以自由地在控制器和光纤收发器之间切换，一机两用，为终端用户尤其是租赁用户降低成本，如 MCTRL660 Pro、K16 等。

根据光纤接口的传输速率，光纤收发器可分为多种规格，常见的有 1 对 1、1 对 8、1 对 10 等。例如，当传输速率为 1.25Gbit/s 时，光纤收发器为 1 对 1，即 1 个光纤接口对应传输 1 个网口的数据；当传输速率为 9.9Gbit/s 时（又称 10G 光纤），光纤收发器为 1 对 8，即 1 个光纤接口对应传输 8 个网口的数据；当传输速率为 11.3Gbit/s 时，光纤收发器为 1 对 10，即 1 个光纤接口对应传输 10 个网口的数据。

CVT320 就是 1 对 1 光纤收发器，其面板上只有一个网口和一个光纤接口，可以将一路光纤转换成一路网线，或者将一路网线转换成一路光纤。CVT320 适用于网线数量较少、距离较长的场景。

根据光模块的工作模式，光纤收发器可分为单模光纤和多模光纤，单模光纤的传输距离较长，可达到 10km；多模光纤的传输距离较短，可达到 500m。

3.4.3　案例分享

1. 案例一

某项目使用诺瓦星云的二合一视频控制器 K16，带载一块分辨率为 3840×1080 的 LED 显示屏，K16 与 LED 显示屏之间的距离为 1km，需要使用光纤完成系统配置以实现远距离传输。针对项目需求，可配置如下 3 种方案。

方案一：使用 CVT 系列光纤收发器实现远距离传输。

K16 与 LED 显示屏之间的距离为 1km，建议使用 CVT320。根据 LED 显示屏的分辨率可知，K16 需要使用 8 路网口带载此屏体，因此需要使用 8 对 CVT320。CVT320 远距离传输系统架构如图 3-4-4 所示，K16 的 8 路网口输出都连接到发送端的 CVT320，发送端的 CVT320 通过光纤连接到接收端的 CVT320，进行光电转换后通过网线连接到 LED 显示屏。

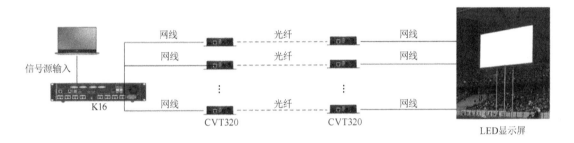

图 3-4-4　CVT320 远距离传输系统架构

方案一需要的设备较多，出现问题的概率相应增大。此外，在现场进行安装时，设备与网线数量较多，导致系统架构臃肿。对于大型活动现场，方案一并非最佳方案。为了简化大型活动现场的远距离布线，解决系统架构臃肿的问题，可选用传输速率更高的光纤收发器。

方案二：使用 CVT10 系列光纤收发器实现远距离传输（双设备）。

CVT10 属于 1 对 10 光纤收发器，既可以作为传统光纤收发器，满足 10 路网口的光电转换需求，又可以直接与集成了光纤接口的控制器相互配合，直接将控制器输出的光信号转换为电信号，并且根据控制器每个光纤接口对应的网口数量，决定转换后的输出网口数量。

根据 LED 显示屏的分辨率可知，K16 需要使用 8 路网口带载此屏体，因此需要使用 1 对 CVT10，CVT10 远距离传输双设备架构如图 3-4-5 所示。K16 的 8 路网口输出对应连接到发送端的 CVT10，发送端的 CVT10 通过光纤连接到接收端的 CVT10，进行光电转换后通过网线连接到 LED 显示屏。方案二的架构比起方案一来简化了很多。

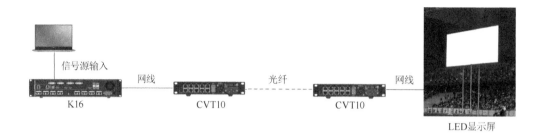

图 3-4-5　CVT10 远距离传输双设备架构

方案三： 使用 CVT10 系列光纤收发器实现远距离传输（单设备）。

本项目还可以继续优化系统架构。市场上，像 K16 这样针对高端租赁场景的 LED 控制器很多均集成了光纤接口，所以可以直接将电信号转换为光信号输出，只使用 1 台 CVT10 即可实现远距离传输，其单设备架构如图 3-4-6 所示。K16 的光纤接口输出直接连接到接收端的 CVT10，CVT10 进行光电转换后通过网线连接到 LED 显示屏。

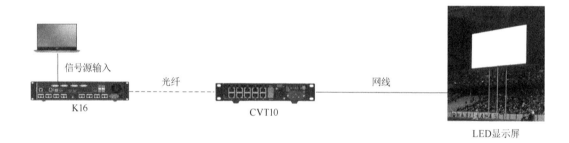

图 3-4-6　CVT10 远距离传输单设备架构

从方案一到方案三，综合考虑系统结构、施工难度、项目成本等因素，可知方案三为最优方案，系统架构最精简，同时施工难度和项目成本最低。

对于更大型、更重要的项目，远距离传输还可以选用更专业的 CVT4K。它支持 4 路光纤接口，每个光纤接口均可传输 8 个网口的数据，4 个网口间还支持 2 主 2 备，便于现场布线及设置备份。除此以外，巧妙利用控制器集成的光纤接口备份功能，可以极大地提供系统稳定性和系统简洁性，如 MCTRL1600、MCTRL 4K、K16 等。光纤远距离传输系统备份架构如图 3-4-7 所示。

2. 案例二

某大型 LED 显示屏现场的控制器选用 MCTRL1600，视频拼接器选用 E3000。使用 3 台 MCTRL1600 作为控制器，3 台 MCTRL1600 作为光纤收发器，案例架构如图 3-4-8 所示。

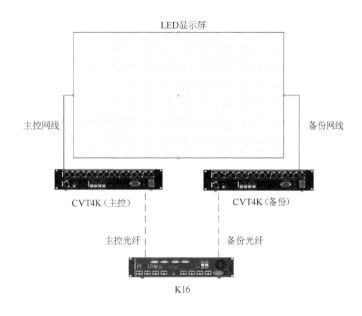

图 3-4-7　光纤远距离传输系统备份架构

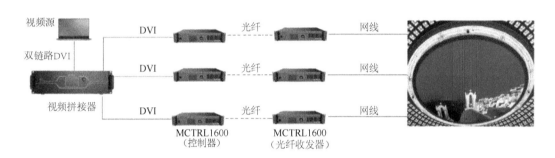

图 3-4-8　案例二架构

在本案例中，光模块使用 10G SFP Module-S，OS1 单模双芯光纤。整体调试过程只需将 3 台 MCTRL1600 通过前面板设置为光电转换模式，模式切换操作步骤如图 3-4-9 所示。其余都是即插即用的。

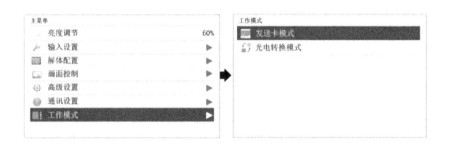

图 3-4-9　模式切换操作步骤

除了诺瓦星云，还有许多控制系统厂家开发了相关的光电转换设备。例如，灵星雨的光电转换方案主要使用其旗下的 SC801/MC801，这款产品为单网口转换，系统架构与诺瓦星云的 CVT320 类似。卡莱特的光电转换方案主要使用 H2F、H16F、

H10FN 光纤收发器，其中 H2F 光纤收发器功能与诺瓦星云的 CVT10 类似，可通过两台设备与控制器进行配合，将控制器输出的电信号先转换为光信号传输，再转换为电信号输出至接收卡；也可直接接收控制器输出的光信号，将其转换为电信号输出至接收卡。H16F 光纤收发器的系统架构与诺瓦星云的 CVT320 类似，H10FN 光纤收发器的系统架构与诺瓦星云的 CVT10 类似。

3.5 高画质解决方案

3.5.1 HDR 解决方案

1. HDR 技术概述

HDR（High Dynamic Range，高动态范围）技术最早应用于摄影，模拟人眼对光线的暗适应和明适应动态特性。其中，暗适应是指在黑暗环境下，人的瞳孔会逐渐扩大，增加进光量，并且提高敏感度，因此可以观察到比较暗的景物和细节；明适应是指在高亮环境下，人的瞳孔会逐渐缩小，减少进光量，并且降低敏感度，因此可以分辨出高亮的景物和细节。HDR 拍摄则是利用不同的曝光时间对同一个场景进行拍摄，最终组合成 HDR 图像，可以使拍摄出的视频呈现出更多的亮暗部细节、更大的动态范围，从而完美记录现实世界的场景。近年来，HDR 技术已经应用于手机、家电、智能终端等方面。

2. HDR 标准分类

HDR 技术并不是一类视频格式，准确说应该是一种视频显示质量的标准。从此类标准出现到现在，随着技术的发展和场景的需求，HDR 标准也有了诸多版本。其中，使用较多的有以下几种。

（1）HDR10：最常见、最基础的 HDR 标准，是 2015 年由美国消费电子协会发布的免费、开源的标准。要求位深达到 10bit，色域范围达到 BT.2020，内部传输静态元数据，定义静态最高或最低的亮度，以及固定的 PQ（感知量化）曲线。通过 HDR 全链路传输，将图像和所有信息完整传输给显示设备。显示设备也调整到和拍摄标准相同的状态，最终呈现出更加真实的显示效果。

（2）Dolby Vision：美国杜比实验室推出的 HDR 标准，属于专有标准，设备使用需要缴纳授权使用费。要求位深达到 10bit/12bit，色域范围达到 BT.2020，内部传输动态元数据。可以根据场景对每帧数据进行对应的亮度调整，真正模拟人眼对光线的暗适应和明适应动态特性。显示设备需要同时支持 Dolby Vision，可呈现出目前最真实的显示效果。

（3）HDR10+：在 HDR10 的基础上加入动态元数据，以此来抗衡 Dolby Vision。

（4）HLG：主要应用于广播电视系统，实现 HDR 内容的实时采集-处理-播放全链路传输。

目前，LED 显示屏行业使用的标准为 HDR10 和 HLG。

3．常用方案介绍

1）HDR 全链路

（1）适用场景。项目要求实现 HDR 全链路传输；用户定制 HDR10 视频源进行播放；项目使用 HDR 摄像机进行实时采集。

（2）适用产品。

发送类设备：MCTRL 4K、NovaPro UHD、NovaPro UHD Jr、K16、H 系列等；接收卡类设备：A8s、A8s-N、A10s plus、A10s plus-N、A10s Pro 等。

（3）方案架构：HDR 全链路方案架构如图 3-5-1 所示。

图 3-5-1　HDR 全链路方案架构

（4）准备工作。

① 发送类设备、接收卡程序升级至最新版本。

② 定制 HDR 视频源+HDR 播放器（HDR 解码软件+HDR 显卡）或 HDR 摄像机进行实时采集。

③ 屏体峰值亮度调整至和 HDR 标准（常见为 1000nits）要求一致，色域范围调整为 BT.2020。

（5）操作流程。

① 前端设备 HDR 播放器、HDR 显卡、HDR 摄像机输出格式设置为 4K、10bit、GB4:4:4。

② 使用 NovaLCT 进入发送卡界面，设置分辨率为 3840×2160@ 60Hz（分辨率根据实际屏体确定，但 HDR 标准要求显示分辨率不得低于 4K），输入源位数设

置为 10bit，如图 3-5-2 所示。

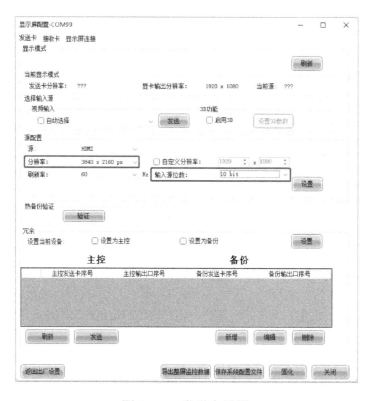

图 3-5-2 发送卡设置

③ 根据视频源类型，选择对应的 HDR 标准。根据屏体信息及播放环境，微调屏体峰值亮度、环境照度及低灰模式，使屏体达到最好的 HDR 显示效果，如图 3-5-3 所示。

图 3-5-3 HDR10-Optima 设置

（6）注意事项。

① HDR 全链路要求从视频源到 LED 显示屏，链路中所有设备都必须支持视频源对应的 HDR 标准。

② 诺瓦星云的 HDR10-Optima 技术，可根据 LED 显示屏显示效果及播放环境，微调 HDR 参数，使 LED 显示屏达到最好的 HDR 显示效果。

③ HDR 位深为 10bit，控制器、网口带载减半。

2）SDR 转换为 HDR

HDR 具有一套完整的生态链路，从视频的拍摄制作设备到播放设备（HDR 播放器、播放软件+显卡），再到最终的显示设备，都必须支持 HDR 标准，以形成完整的 HDR 全链路信号传输。因此，想要达到最好的视觉体验，仅拥有 HDR 显示设备是不够的，还需要播放对应的 HDR 视频源。但是 HDR 视频源需要进行特殊制作，成本非常高，市面上绝大多数视频源仍然是 SDR（Standard Dynamic Range，标准动态范围）格式。所以在当前环境下，出现了直接将 SDR 转换为 HDR 的相关技术。

例如，诺瓦星云的 HDR Master 4K，通过 AI 动态范围扩展技术，可以分析各种 SDR 视频内容，智能填补缺失的信息。对 SDR 视频中的亮色度信息、动态范围及位深进行精密计算和扩展，使之达到 HDR 视频源的标准，并将 SDR 转换为 HDR10/HLG，彻底解决 HDR 视频源稀缺的问题。利用此类方案可以帮助更多用户真正体验到 HDR 技术带来的美妙视觉体验。

（1）适用场景。项目要求做 HDR 标准链路，但是没有 HDR10/HLG 视频源。

（2）适用产品。

发送类设备：MCTRL 4K、NovaPro UHD、NovaPro UHD Jr、K16、H 系列等；接收卡类设备：A8s、A8s-N、A10s plus、A10s plus-N、A10s Pro 等。

（3）方案架构。SDR 转换为 HDR 方案架构如图 3-5-4 所示。

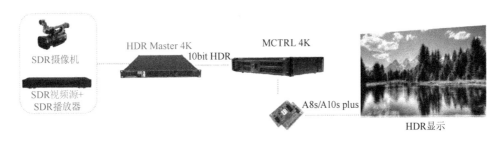

图 3-5-4　SDR 转换为 HDR 方案架构

（4）准备工作。

① HDR Master 4K、发送类设备、接收卡程序升级至最新版本。

② 定制 SDR 视频源+SDR 播放器或 SDR 摄像机进行实时采集。

③ 屏体峰值亮度调整至和 HDR 标准（常见为 1000nits）要求一致，色域范围调整为 BT.2020。

（5）操作流程。

① 前端视频源输出 SDR 标准。

② 进入 HDR Master 4K 的主菜单界面，选择"HDR"，并设置"SDR→HDR"状态为"开启"，如图 3-5-5 所示。

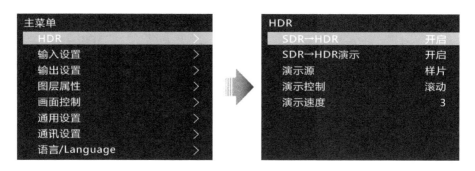

图 3-5-5　SDR 转换为 HDR

③ 使用 NovaLCT 进入发送卡界面，输入源位数设置为 10bit，如图 3-5-6 所示。

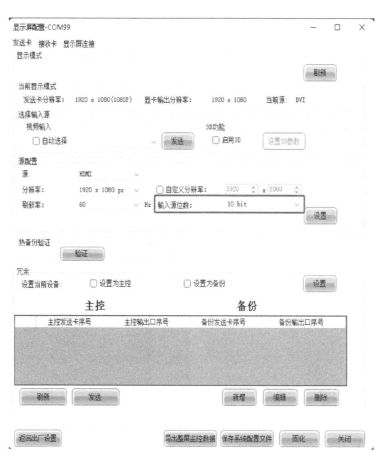

图 3-5-6　发送卡界面

④ 根据视频源类型，选择对应的 HDR 标准。并根据屏体信息及播放环境，微调屏体峰值亮度、环境照度及低灰模式，使屏体达到最好的 HDR 显示效果，如图 3-5-3 所示。

（6）注意事项。

① SDR 与 HDR 转换存在 3 帧信号延迟，在对延迟要求高的如实况大屏转播等场景中需要慎重使用。

② HDR Master 4K 将 SDR 转换为 HDR 输出，后端直至 LED 显示屏，链路中所有设备都必须支持视频源对应的 HDR 标准。

③ 诺瓦星云的 HDR10-Optima 技术，可以根据 LED 显示屏显示效果及播放环境，微调 HDR 参数，使 LED 显示屏达到最好的 HDR 显示效果。

④ HDR 位深为 10bit，控制器、网口带载减半。

3）SDR 画质提升

在某些对画质要求较高的场合中，虽然项目无须使用全链路的 HDR 标准实施。但可以通过算法将原视频中缺失的细节信息补全，将普通 SDR 8bit 视频输入源提升至 8bit HDR 效果。此外，视频输出源并非真实完整的 HDR 视频源，但仍然可以在很大程度上提高显示效果。

（1）适用场景。室内小间距项目和高端租赁用户，需要实现更好的显示效果。

（2）适用产品。任何型号的发送类设备；任何型号的接收卡类设备。

（3）方案架构。SDR 画质提升方案架构如图 3-5-7 所示。

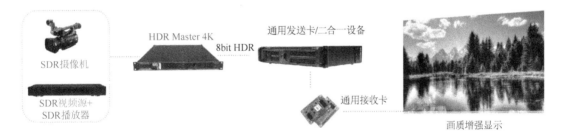

图 3-5-7　SDR 画质提升方案架构

（4）准备工作。

① HDR Master 4K、发送类设备、接收卡程序升级至最新版本。

② 定制 SDR 视频源+SDR 播放器或 SDR 摄像机进行实时采集。

（5）操作流程。

① 前端视频源输出 SDR 标准。

② 进入 HDR Master 4K 的主菜单界面，选择"HDR"，设置"SDR→HDR"状态为"开启"。

③ 进入 HDR Master 4K 的主菜单界面，选择"输出设置"，如图 3-5-8 所示。设置"动态范围"为"自动"，"位深"为"8"。

图 3-5-8　输出设置

④ 进入发送卡界面，设置输入源位数为 8bit，如图 3-5-9 所示。

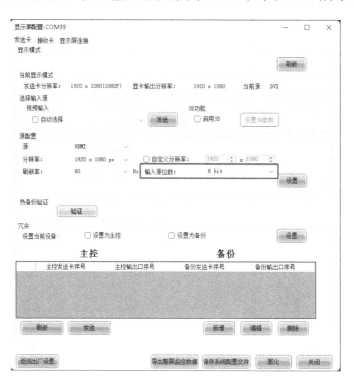

图 3-5-9　设置输入源位数

（6）注意事项。

① 画质提升效果非标准 HDR 色域。

② 画质提升效果为 8bit 输出，控制器、网口带载不减半。

3.5.2　画质引擎解决方案

1. 方案概述

近几年随着行业的快速发展，LED 已经逐渐步入微间距时代，LED 显示屏被广泛应用在越来越多的场合，逐步取代了以前的投影、液晶拼接屏，甚至液晶显示器。室内应用场景越来越多，用户越来越专业，对于 LED 显示屏的显示要求也越来越高。这就导致 LED 显示屏的显示效果，已经无法满足一些高端应用场景及专业用户的显示需求。

从市场反馈来看，目前室内小间距 LED 显示屏在应用中遇到的问题主要在于灰度和色彩两个方面：低灰分层、低灰偏色及色彩不正。解决此类问题需要控制系统对显示屏进行更精准的控制，为此各控制系统厂家推出了一系列解决方案。例如，诺瓦星云推出了针对室内小间距场景应用的解决方案——画质引擎。基于 A8s/A10s plus 接收卡平台，实现 64 倍灰度提升、逐级灰度校准控制，彻底解决低亮丢灰、低灰偏色等问题，使灰度显示效果更加细腻平滑。可以实现精准色域管理，消除 LED 显示屏显示色彩偏差，重现真实世界，使小间距 LED 显示屏显示效果及应用步入新的领域。

画质引擎主要包括 22bit+、精细灰度、色彩管理 3 种技术，下面分别对这 3 种技术加以介绍。

1）22bit+技术

基于 A8s/A10s plus 接收卡平台，增加 6 bit 灰度级数，将原来的每级灰阶细分为 64 级更精细的灰阶，实现 64 倍灰度提升，如图 3-5-10 所示。彻底消除 LED 显示屏低灰段灰阶合并、轮廓线模糊等问题，使显示效果更加细腻，画面细节呈现更加丰富，22bit+技术实拍对比图如图 3-5-11 所示。

图 3-5-10　22bit+技术

图 3-5-11　22bit+技术实拍对比图

2）精细灰度技术

利用精细灰度技术可对驱动 IC 16bit 的 65536 级灰阶进行逐级测量，并通过软件算法进行逐级校准，有效解决 LED 显示屏低灰段灰阶偏色、反跳等问题，使 LED 灰阶控制更加精准，过渡更加平滑，画面更加纯净通透，如图 3-5-12～图 3-5-14 所示。

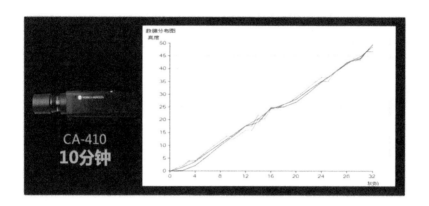

图 3-5-12　精细灰度技术

灰阶	画质引擎OFF / nits	画质引擎ON / nits	标准 / nits	画质引擎Off与标准差 / nits	画质引擎On与标准差 / nits
0	0	0	0.0000	0	0
1	0.2130	0.0021	0.0038	0.2092	(0.0017)
2	0.2387	0.0062	0.0076	0.2311	(0.0014)
3	0.3711	0.0089	0.0114	0.3597	(0.0025)
4	0.5127	0.0121	0.0153	0.4974	(0.0031)
5	0.6536	0.0159	0.0191	0.6345	(0.0031)
6	0.7951	0.0202	0.0267	0.7684	(0.0065)
7	0.9363	0.0395	0.0420	0.8943	(0.0025)
8	1.0748	0.0644	0.0610	1.0137	0.0033
9	1.2029	0.0922	0.0839	1.1190	0.0083
10	1.3836	0.1275	0.1144	1.2692	0.0130
11	1.5279	0.1657	0.1488	1.3791	0.0170
12	1.6541	0.2103	0.1907	1.4633	0.0196
13	1.7768	0.2569	0.2365	1.5403	0.0204
14	1.9036	0.3149	0.2937	1.6099	0.0212
15	2.0356	0.3777	0.3586	1.6771	0.0191

图 3-5-13　精细灰度技术实测数据

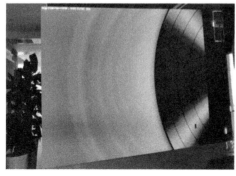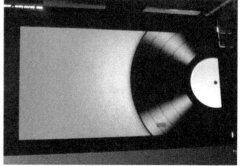

图 3-5-14　精细灰度技术实拍对比图

3）色彩管理技术

通过色彩管理技术可执行自动化采集、校准和验证，并且可以根据视频（图片）源的色域，调节与之匹配的 LED 显示屏的色域，彻底消除 LED 显示屏色彩不正的问题，使 LED 显示屏色彩精确呈现，完美还原视频源的真实色彩，如图 3-5-15 和图 3-5-16 所示。

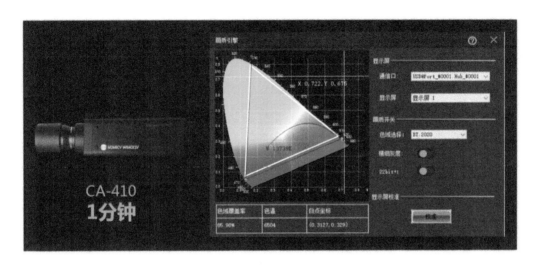

图 3-5-15 色彩管理技术

图 3-5-16 色彩管理技术实拍对比图

2. 适用场景

（1）所有 COB 封装屏体项目。配合诺瓦星云的 COB 屏体校正技术，可有效解决中低灰色块问题，达到 COB 屏体出货的标准要求。

（2）室内小间距项目。有效解决低灰轮廓线、低灰偏色等问题，并显著提升 LED 显示屏对比度及低灰效果。

（3）高端商显项目。有效解决色彩不正、广告显示效果和实物色彩不一致的问题。

（4）高端租赁项目，如广电、影视拍摄类项目。有效解决低灰轮廓线及摄像机画面中人脸偏红等色彩不正的问题。

3．方案应用

（1）适用产品。22bit+、精细灰度和色彩管理技术适用于 A8s/A10s plus 接收卡平台。

（2）准备工作。

① 接收卡程序升级至指定版本。

② 测量原始色域可采用自动方式或手动方式。如果采用自动方式，那么要求色度计是目前支持的型号，如光枪 CA-410、CS-150、CS-100A 和 CS-2000 等；做好硬件连接并确认未被其他软件占用。

（3）注意事项。

① 需要提前确认好接收卡参数和校正效果，最后进行画质引擎调试。

② 画质引擎效果只适用于调试时的接收卡参数。重新调整接收卡参数会影响画质引擎效果，并且新参数下发时系统会默认关闭画质引擎效果。

③ 目前支持的光枪型号和采集时间如图 3-5-17 所示。

型号	测量距离（暗室）	采集速度
CA-410（推荐）	紧贴屏体	约7min
CS-150	30cm	约3～4h
CS-100A	1m	约3～4h
CS-2000	1m	约3～4h

图 3-5-17　光枪型号和采集时间

（4）操作流程。

① 通过 NovaLCT 进入画质引擎调节界面，如图 3-5-18 所示。

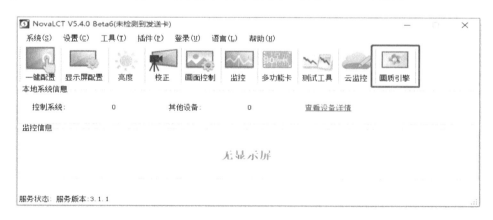

图 3-5-18　画质引擎调节界面

② 选择通信口和对应显示屏，并单击"校准"按钮，即可进行画质引擎各项功能的开关操作，如图 3-5-19 所示。

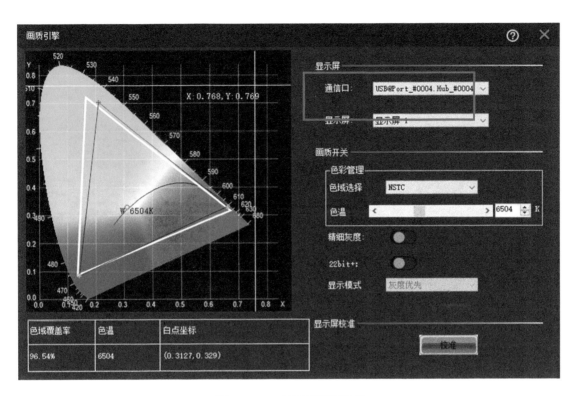

图 3-5-19　画质引擎界面

③ 打开画质引擎采集界面，自动连接色度计，如图 3-5-20 所示。

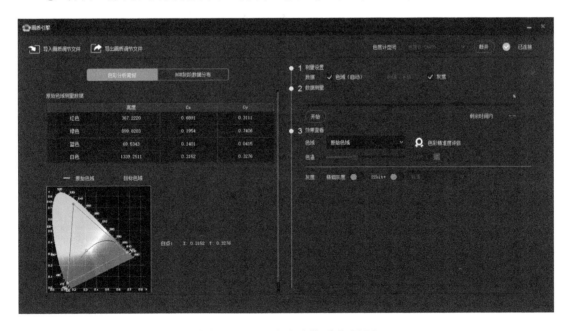

图 3-5-20　画质引擎采集界面

如果未连接色度计，那么重新检查、连接好硬件后，可手动选择色度计型号并进行连接。

自动方式：使用色度计自动测量原始色域，并对 LED 显示屏进行逐级测量校准，如图 3-5-21 所示。

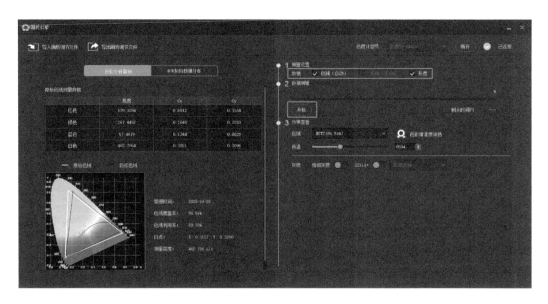

图 3-5-21　自动测量原始色域

手动方式：手动测量和填写原始色域，在"设置测量值"对话框中，双击数值并进行填写，完成手动测量，如图 3-5-22 所示。

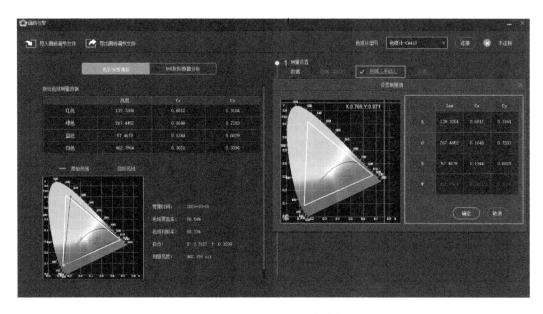

图 3-5-22　手动测量原始色域

④ 在"效果查看"选区，可设置画质引擎相关参数，并在显示屏上查看效果，如图 3-5-23 所示。

色域：可以从"色域"下拉列表中选择对应的色域标准，对显示屏色域进行校准，消除色彩偏差，确保显示屏色彩精确呈现；同时支持自定义色域。

精细灰度：可开启或关闭精细灰度功能。

22bit+：可开启或关闭 22bit+功能。

显示模式：灰度优化的 3 种显示模式为"标准""灰度优先""低灰优化"。

色彩功能评估：具有色彩分析简报、色彩精准度评估、导出测量结果功能。

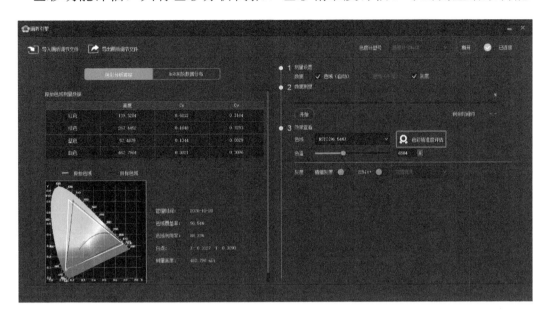

图 3-5-23　设置画质引擎相关参数

3.6　集群发布解决方案

3.6.1　方案概述

随着智慧城市和商业显示的发展，LED 显示屏大规模集群化场景越来越多，LED 显示屏的数量也快速增长，用户迫切需要对地理位置不同、数量众多的 LED 显示屏进行集群播控。集群播控可提高服务的易便性，具有规模可扩展能力，可有效降低整体的运维成本。集群播控常常应用于智慧社区屏、智慧灯杆屏、公交站台屏、广告传媒屏、连锁店等场景。

智慧社区屏（见图 3-6-1）作为最贴近市民的窗口，拥有很高的公信力度，具备权威性、公益性等明显的媒体优势。不仅可以实时滚动播放天气、城市应急突发预警、新闻资讯、公告通知、生活服务等社区资讯内容，为居民提供便利，还可以作为舆论引导的权威平台，帮助政府部门及街道办完成法规政策、安全知识、疾病预防、科普教育、公益广告、精神文明建设等宣传工作。

随着国内商业与消费环境的快速发展，各行业的广告需求也越来越大，数字化、网络化、信息化的广告传媒屏，成为传媒市场的一大亮点。广告传媒屏能够通过图片、文字、视频、插件（如天气、汇率）等多媒体素材进行宣传，目前已广泛应用于地铁、公交站、机场、火车站、加油站、展会、商场、大厦、餐厅、学校、政府机构等场所，如图 3-6-2 所示。

图 3-6-1　智慧社区屏

图 3-6-2　广告传媒屏

3.6.2　方案特点

1. 方案劣势

（1）屏体数量多、分布较远。

（2）屏体播放控制运维难。

（3）运营网络安全要求高。

（4）室外屏体环境相对苛刻。

（5）运行时间长、功耗高。

（6）同步性高，如灯杆屏。

2. 方案优势

（1）远程统一文字、图片、视频发布及控制，随时随地快速更新，可视化便捷操作，数据呈现清晰，轻松管理多块大屏。

（2）显示屏全生命周期管理，覆盖显示屏规划、建设、运维、运营，提供全流程一体化云服务方案。

（3）安全可靠，多重身份认证，通信加密，数据指纹校验，全方位安全保障。

（4）专业监控，显示屏状态实时监控，多重防护机制，定制巡检报告，智能故障感知，专业维保服务，防患未然，安心无忧。

（5）功能齐全，满足各类应用场景，产品稳定，耐高温环境，长时间稳定工作、节能减排，根据环境光智能亮度调节，环境检测，具有对时功能，满足画面同步显示。

▶ 3.6.3　方案执行

1. 需求收集

集群发布解决方案的需求收集主要包含以下因素。

（1）屏体环境、位置分布因素：室内、室外屏体选择，室外屏体要做好防水和降温，确认安装高度及安装方式。根据屏体位置分布综合考虑供电、组网、控制。

（2）屏体组成信息、数量因素：屏体观看距离及尺寸、单元板信息、箱体信息，根据以上信息计算出所需控制器、接收卡、电源、排线等型号和数量，根据单屏体数量确定整体方案所需产品型号和数量。

（3）场景播放要求因素：定时播放、新闻直播、插播、天气预报、多屏同步播放、同异步播放。

2. 方案设计

集群发布解决方案在设计之初需要单独考虑以下因素。

（1）网络环境。

局域网：已有或新建局域网架构，如学校、银行等场所，局域网架构只能本地播控管理。

广域网：有线网络、WiFi 网络、4G 网络、5G 网络，如室外、跨区域分布场所，可利用广域网架构随时随地播控管理。

（2）同步性的对时方式。

LoRa：无须网络覆盖，主要应用在同步性高的室外。

GPS：需要网络覆盖，无距离限制。

NTP：主要应用在室内，不方便布线。

（3）环境参数监测。

环境 PM2.5、PM10、风速风向、噪声、温度、湿度、气压、CO_2 含量、SO_2 含量等。

（4）屏体供电，电源、亮度、声音控制。

自动断/上电、自动亮度调节、室外屏体运行温度控制、音量调节。

（5）屏体硬件运行状态监测。

温度检测、电压检测、排线检测、烟雾检测、开路检测等。

3.6.4 案例分享

某协会开展科普宣传信息化建设工程，分别在 A、B、C 三市的各社区内全面建设"青少年科普"信息宣传的 LED 显示屏，主要用于播放知识讲座、课外活动、文艺演出、知识讲堂等。预计建设 99 块，A 市 65 块，B 市 10 块，C 市 24 块。屏体采用室外 P8，256cm×128cm 尺寸单元板，整屏宽 4.608m，高 3.072m，箱体为 768cm×768cm，4 行 6 列，整屏采用单立柱结构。

由于 LED 显示屏地域分布比较广，用户希望软硬件能满足以下需求。

（1）支持云发布软件和云监控软件。要求在办公室内可以实时访问云发布平台，完成所有 LED 显示屏的媒体下发和实时更新，节目编辑发布操作简单。

（2）要求在办公室内可以通过摄像头对每块 LED 显示屏的播放内容进行实时查看。在监控室内查看各 LED 显示屏的硬件运行状态，并且可以故障告警。

（3）要求分时段播放，设置早、中、晚不同时段进行不同视频媒体播放；在 LED 显示屏空余时段可以对显示屏进行断/上电，要求具备紧急开机功能。

（4）LED 显示屏主要部署在社区或离社区较近的活动广场，为了不扰民，要求在特殊情况下可以手动调节 LED 显示屏的播放音量及亮度。

（5）为了保证 LED 显示屏能正常运行，要求每天可以实时查看各 LED 显示屏的工作状态。在 LED 显示屏出现故障或无法预知的情况下可以对其进行快速维护和断/上电操作。

（6）要求未来可以实现协会总部整体控制所有 LED 显示屏，协会分部单独控制本市 LED 显示屏。

方案设计

针对屏体信息和用户需求，方案设计以诺瓦星云的全流程解决方案为例。

方案拓扑架构如图 3-6-3 所示。

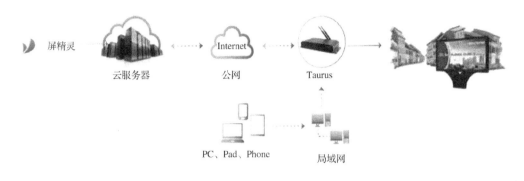

图 3-6-3　方案拓扑架构

设备配置清单如表 3-6-1 所示。

表 3-6-1　设备配置清单

设备类型	型号	数量	单位	备注
多媒体播放器	TB30	1	台	网口输出一主一备
接收卡	DH7508	24	张	考虑备份数量
多功能卡	MFN300	1	张	控制 LED 显示屏断/上电
光探头	NS060	1	个	环境光调节亮度
发布平台	屏精灵云端	1	套	节目发布及控制
运维平台	屏老板	1	套	运维及数据备份

该协会在全国"科普中国"LED 显示屏项目中走在其他协会的前列,首先完成了 LED 显示屏建设、信息发布平台建设和 LED 显示屏监控平台建设。目前,该协会的 LED 显示屏项目以"科普"为主题,主要用于宣传各类科技视频、科教视频、微电影、法律宣传视频等。诺瓦星云推出的屏精灵云端和屏老板为用户提供了便捷,可以随时随地访问,进行媒体发布和 LED 显示屏状态监控,通过数据指纹、通道加密和权限管理保证数据安全。让用户足不出户就可以实时更新 LED 显示屏的播放媒体;实时查看 LED 显示屏的硬件信息。

3.7　交通诱导屏解决方案

▶ 3.7.1　方案概述

交通诱导屏是指位于公路、车站等场所用于指引车辆、行人,防止交通堵塞,并进行道路现状、交通流量、列车车次等信息显示的 LED 显示屏。它一般用来显示与交通相关的信息,如普通道路标志(道路地图、道路信息等)、可变信息标志(文字提示、列车车次等)。根据使用场景不同可分为城市交通诱导屏、轨道交通诱导屏，如图 3-7-1 和图 3-7-2 所示。

交通诱导屏一般由交通信息发布平台、LED 显示屏、控制系统、配套设备（联网设备、摄像头等）、供电系统和屏体支架等组成。

图 3-7-1　城市交通诱导屏

图 3-7-2　轨道交通诱导屏

1. 城市交通诱导屏解决方案

下面以诺瓦星云提供的城市交通诱导屏解决方案为例进行讲解，其架构如图 3-7-3 所示。

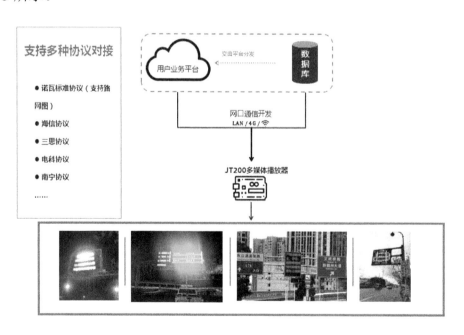

图 3-7-3　城市交通诱导屏解决方案架构

多媒体播放器：城市交通诱导屏的多媒体播放器选用 JT200。

（1）控制 LED 显示屏的图像显示及亮度调节。

（2）多媒体播放器与用户业务平台进行通信，获取屏体的播放节目信息，将用户业务平台传递过来的节目实时更新至 LED 显示屏。

（3）监控屏体状态，将屏体的状态信息回传给用户业务平台。

用户业务平台：用户开发和维护的管理平台。

（1）发布节目，调用节目库、数据库的媒体或信息，将节目和信息正确分发到不同的多媒体播放器上。

（2）集群管理，同时对多个 JT200 进行管理和节目发布。

（3）其他功能，如监控、远程控制开/关电、亮度等。

数据库：用户自有的数据库，内含节目、数据信息。

通信方式：JT200 可以支持网线、WiFi、4G 三种通信方式。

（1）网线：JT200 支持网线接入局域网或互联网。

（2）WiFi：JT200 有 WiFi 功能，即可支持 WiFi AP/STA，用户可以连接 JT200 WiFi 访问 JT200，或者将 WiFi 切换成 STA 模式，JT200 也可以连接其他 WiFi，桥接访问互联网。

（3）4G：JT200 装配 4G 模块和 SIM 卡后，可以通过 4G 网络访问互联网。

协议：用户业务平台使用的通信协议，用户业务平台和控制器之间的数据传输需要符合协议才能进行。

2. 轨道交通诱导屏解决方案

下面以诺瓦星云提供的轨道交通诱导屏解决方案为例进行讲解，其架构如图 3-7-4 所示。

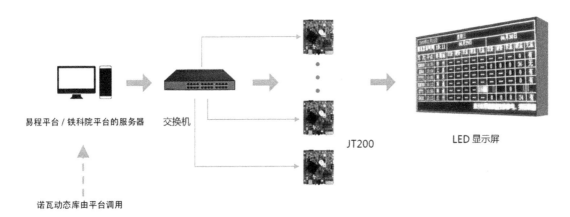

图 3-7-4 轨道交通诱导屏解决方案架构

控制卡：轨道交通诱导屏的控制卡选用 JT200。

交换机：连接易程平台/铁科院平台的服务器和 JT200 终端。

动态库：将诺瓦动态库放在易程平台/铁科院平台的服务器上，平台软件直接调用动态库发送内容或监控屏体状态。

3.7.2 方案特点

1. 通用化特性

（1）集群式管理。可将多个 LED 显示屏集中在同一个控制平台下。用户可以通过一台主机对多个 LED 显示屏进行节目发布、显示控制。交通诱导屏在一般情况下都是由交管大队进行统一管理的，在屏体数量较多的情况下，集群式管理可以大大节约管理成本。

（2）支持第三方协议及动态库对接。LED 显示屏控制系统可以支持用户以第三方协议发布节目，或者动态库对接。一方面，大多数用户都有自有的节目发布平台，城市及平台不同，采用的节目发布协议也不同，所以要求控制系统灵活支持不同的节目发布协议；另一方面，应适配用户当前使用的协议，可以直接调用，也可以免除用户的开发成本。

对接方式一般分为协议对接和动态库对接两大类。其中，协议对接是指支持现有的应用较广泛的几大交通协议，如三思协议、海信协议、电科协议、南宁协议等，或者支持自定义协议；动态库对接是指将编译好的动态库放在用户业务平台上直接供用户业务平台调用。

（3）多种节目支持。支持文本显示、文本滚动显示、多种格式数据库对接、多种切换特效、分窗口显示等。

2. 差异化特性

交通诱导屏的种类很多，有用于提示信息的，有用于显示道路拥堵情况的，还有用于显示列车车次的，这些应用场景产生了需要支持多种节目的需求。根据城市交通和轨道交通两种不同的应用场景，它们的功能特点也不同。

（1）城市交通。

① 可实现毫秒级的播放切换，让节目切换之间没有明显延迟和停顿。

② 能够显示流媒体，显示网络摄像头的画面。

③ 屏上多区域节目独立更新，只更新一小块区域的数据时不需要整屏一起更新。

④ 需要支持 LED 显示屏的死灯检测，可以定时或手动检测 LED 显示屏的死灯状态。若死灯数量过多，则进行维修。

（2）轨道交通。

① 可以和轨道交通主流平台对接。

② 可以调用数据库，并且将数据用表格媒体显示。

③ 同时显示上万条表格数据。

④ 可以显示 Excel 表格文件，并且支持单元格的合并和特效等。

3.7.3　方案执行

1. 需求收集

在需求收集阶段，主要了解以下信息。

（1）屏体/终端数量。

（2）屏体类型（单色/双色/全彩）。

（3）应用场景：屏体用于什么场景？显示什么内容？

（4）网络环境：局域网控制或互联网控制；是否有网线。若位置偏僻，没有网络接入，则需要配置 4G 模块及路由器。

（5）需要支持的媒体类型：模拟时钟、数据库显示、天气、流媒体等。

（6）协议对接：用户屏体所使用的交通协议。

（7）二次开发：若用户业务平台的协议不在所支持的几个协议内，或者有特殊功能需求，则需要二次开发支持。

（8）特殊功能需求：如光探头自动亮度调节、远程断/上电、湿度及风速等环境数据检测、多屏同步播放等。

2. 需求评估和审核

对需求进行评估和审核，确认是否需要进行二次开发。若需要进行二次开发，则进行商务洽谈和合同签订；若不需要进行二次开发，现有的 SDK 可以满足需求，则可以提供给用户进行测试。

3. 方案设计

根据用户的需求及像素点选择对应的控制器、接收卡及配套的配件，如 4G 模块、LoRa 模块、多功能卡等。

4. 协议测试

测试多媒体播放器使用对应的协议，能否正常实现节目发布或其他功能，可以用 JT Ark 软件进行测试，该软件提供了多种协议选择，如图 3-7-5 所示。在测试时，需要将 JT Ark 的计算机和控制器设置为同一个局域网，这样就可以在 JT Ark 左侧的设备栏里找到控制器。

当功能测试正常以后，便可以将协议、SDK、相关的软件操作说明等资料交付给用户使用。

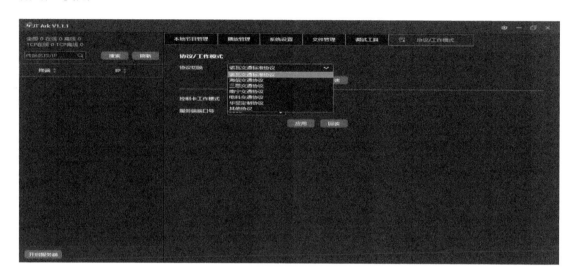

图 3-7-5　JT Ark 协议选择

3.8 分布式解决方案

3.8.1 方案概述

随着分布式技术的普及，其在 LED 显示屏行业中的应用也越来越多。视频分布式技术的核心是通过 IP 网络进行信号传输，而不使用传统的如 HDMI、DVI 等视频源信号进行通信，这样能够快速、便捷地解决不同设备之间的信息共享和处理。系统集音/视频远距离数字化传输、信号切换、KVM 坐席管理和大屏管理等应用于一身，配合可视化 Web 管理软件、坐席管理软件、Pad 可视化控制软件，可广泛应用于联合指挥中心、会议通信中心、监控中心、数据中心、调度中心等应用场景。

图 3-8-1 中的交通指挥或信息发布中心等场景就是典型的分布式场景。在这类场景中，大屏中展示的信息来源渠道众多，有些甚至是几十公里之外的安放监控摄像头。同时，在工作人员的操作台中，需要频繁地进行切换信息源或互相推送信息等操作。使用传统的 USB 通道传输控制信号及 HDMI 传输视频源信号显然已经不

能满足。所以，针对该类场景，将所有输入/输出信号全部使用 IP 网络信号，接入同一局域网才是最优的解决方案。

图 3-8-1 典型的分布式场景

3.8.2 方案特点

分布式解决方案主要的核心特点如下。

（1）信号的互联互通：跨区域、跨部门进行音/视频共享及交互，实现信息实时共享。

（2）内容可视化：操作端实时反馈状态，视频内容实时预览。

（3）智能中控：对场景中的声、光、电设备进行准确、智能控制，操作界面自定义设计，满足不同场景需求。

（4）多人协同工作：单人通过一个鼠标可同时操作多台计算机；多人内容互相分享、推送、抓取。

（5）人机分离：操作人员和计算机隔离，确保数据安全。

（6）去中心化结构：无中心服务器，单个设备的增减、故障不会影响整个系统的运行。

分布式系统架构如图 3-8-2 所示，编码节点先对所有音/视频进行编码，再以网络为介质进行信号传输。解码节点将网络中编码后的信号解码为标准的音/视频源信号，最后通过显示介质进行显示，如 LED 显示屏、LCD（Liquid Crystal Display，液晶显示屏）等。

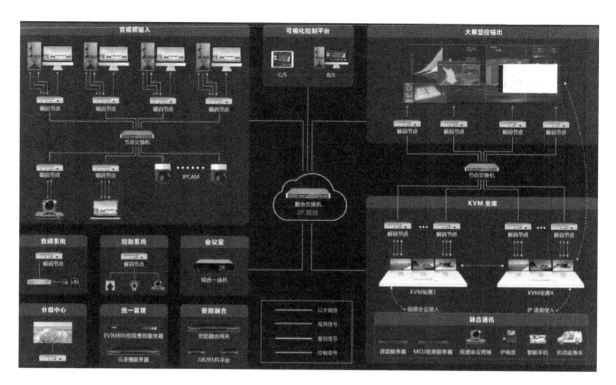

图 3-8-2　分布式系统架构

3.8.3 方案执行

了解了分布式产品的特点及系统架构后，为保证分布式项目顺利交付，需要对项目的关键点做准确把控。分布式项目比较复杂，需要先对整个项目的需求进行准确的收集，再进行方案设计，在需求收集阶段需要包含以下核心。

项目背景： 在项目背景中需要了解项目的规模，需要的输入源数量，显示设备数量及大小，是否存在跨楼层、跨区域等情况。

使用场景： 了解该项目是否为会议室项目、指挥中心、数据中心等，是否需要做内容的展示及互动、远程操作等需求，是否需要对环境中的声、光、电等设备进行控制。

操作习惯： 和用户准确沟通，确认在后期使用中常用的功能、操作系统、软件界面的风格等。

其他需求： 项目标书，认证、检测报告等是否有强制要求。

前期需要充分和用户沟通需求，包括对现场环境、功能、用户的习惯等进行全面收集，避免后期在设计阶段因需求不明确导致方案变动过大或增加设备。最终，可根据需求清单进行需求的梳理，避免遗漏。

▶ 3.8.4　案例分享

某指挥厅需要搭建一套分布式系统，需要在指挥大厅进行 LED 显示屏内容显示，并在另外两个小会议室内的 LCD 上实现和指挥大厅 LED 显示屏的内容共享，现场有多个坐席。出于数据安全考虑，所有计算机都需要隔离到机房，并且需要接入某些现场画面，需要使用智能控制环境中的灯光、窗帘、空调等设备。

根据现场的背景及后期的沟通，可以对项目需求做如下总结。

项目背景及场景： 指挥大厅项目，分布式系统，内容共享且人机分离，需要中控系统。

相关功能：

（1）大屏拼接。

显示屏信息为屏体分辨率 3840×1080，需要使用 4K 信号，需要全屏、分屏、居中多图层显示。

小会议室分别设计两个 LCD 做内容展示，可以共享大屏内容，也可以独立显示会议室设备内容。

（2）KVM。

现场有 10 个坐席，每个坐席都可将自己的画面推送到大屏。

机房有 12 台计算机需要接入分布式系统。

（3）中控。

现场需要使用 Pad 控制灯光、窗帘、空调及大屏内容的切换。

（4）摄像头画面接入。

需要接入多个摄像头画面内容，并在大屏上显示。

项目方案设计： 系统架构如图 3-8-3 所示，设备清单如表 3-8-1 所示。

LED 显示屏应用（高级）

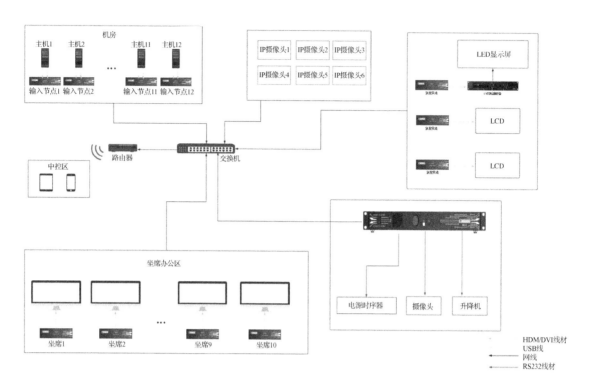

图 3-8-3 系统架构

表 3-8-1 设备清单

序号	设备类型	型号	数量	备注
1	分布式输入节点	EST200	12	
2	分布式输出节点	ESR401	13	
3	千兆交换机	S5720S-52P-PWR-LI-AC	1	
4	路由器	TP-LINK 双千兆路由器	1	
5	控制设备	HUAWEI MatePad	1	
6	LED 控制器	MCTRL 1600	1	
7	中控设备	ECS2000	1	

系统优势：

（1）跨区域视频内容共享且支持权限管理，不同角色既可以看到所有内容，又可以看到指定内容。

（2）人机分离，确保数据安全。

（3）Pad 端可视化控制，对环境中的声、光、电设备进行集中控制。

（4）多摄像头内容实时显示。

中控界面注意事项：中控界面如图 3-8-4 所示。

（1）系统架构需要明确设备类型及连接方式，确保后期现场连接时可以一一对应。

（2）按键的命名需要符合现场实际使用，能准确表示对应的功能。

（3）界面的布局整齐美观。

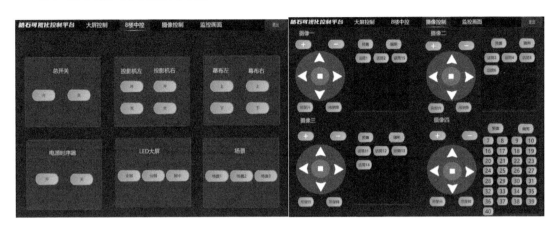

图 3-8-4 中控界面

以上为分布式解决方案设计的简单示例，后期的施工及调试，可根据具体的施工要求及软件的使用方法进行。

第 4 章

LED 显示屏效果评估

在第 3 章我们学习了不同的 LED 显示屏控制系统方案，本章将学习在调试完成、满足用户特定功能需求后，判断屏体显示效果好坏的方法，以及应该从哪些维度衡量 LED 显示屏的效果等内容。

4.1　LED 显示屏行业标准

▶ 4.1.1　国家标准

中华人民共和国国家标准，简称国标，是指由国家标准化主管机构批准发布的，对全国经济、技术发展有重大意义，且在全国范围内统一的标准。其重要意义在于规范了各行各业从业企业的产品技术标准，确保行业有序健康发展的同时保障消费者的权利。国家标准根据标准的类型不同分为强制性标准和推荐性标准。

强制性标准（GB）：在一定范围内通过法律、行政法规等强制性手段加以实施的标准，具有法律属性。主要是对有些涉及安全、卫生方面的进出口商品规定了限制性的检验标准，以保障人体健康和人身、财产的安全。目前市场上的其他标准都不能低于强制性标准的要求。强制性标准主要运用在技术方面，规定了比较详细的检查方法、技术参数等。

推荐性标准（GB/T）：又称非强制性标准或自愿性标准。是指在生产、检测、使用等方面，通过经济手段或市场调节自愿采用的标准。推荐性标准一般规定不够具体，比较简单明了，能够普遍关心产品的性能，对细节的要求不严谨。

虽然国家标准的类型不同，但无论是强制性标准还是推荐性标准，企业一经使用都必须严格遵守标准的要求，否则仍需承担相应的法律责任。

国家标准也是有期限的，年限一般为 5 年。相关组织会定期或不定期对国家标准进行修订或重新制订，以适应行业的发展。

《中华人民共和国标准化法》将标准分为国家标准、行业标准、地方标准、企业标准四个级别。其中国家标准是最高标准，其他各级标准不得低于国家标准规定的要求，不得与国家标准相违背。

▶ 4.1.2　LED 显示屏行业标准编制现状

LED 显示屏行业一直希望建立一套完整的、可推广的、指导性强的标准文件，但由于行业发展时间短、涉及领域广，截至 2022 年年底，LED 显示屏行业尚未有国家标准颁布发行。现阶段，行业内各类标准多集中于对灯珠的光学性能或特定应用场景的技术规范，对 LED 显示屏显示画质、控制系统的相关技术规范相对缺乏。

LED 显示屏行业标准的建设工作，随着行业发展不断推进。20 世纪 90 年代后期，LED 显示屏行业开始制订相关标准。2001 年，原信息产业部成立了 LED 显示屏技术标准工作组，旨在联合国内社会各方面力量，开展 LED 显示屏技术标准体系的编制工作，以及基础标准、方法标准和产品规范等的研究与制订工作。经过二十多年的不断探索，已经初步形成了一些比较系统的行业标准，并且随着行业的发展，这些标准仍然在不断迭代更新。

总的来说，LED 显示屏行业标准尚未有国家标准，但已具备了一些通用的行业标准，并且这些标准正在快速迭代完善中。

4.1.3 常用业界标准

目前，LED 显示屏行业内使用最多的是电子行业的推荐标准：SJ/T 11281—2017《LED 显示屏测试方法》及 SJ/T11141—2017《LED 显示屏通用规范》。该标准历经多次修订，具体如表 4-1-1 所示。

表 4-1-1 《LED 显示屏测试方法》及《LED 显示屏通用规范》

标准编号（含历次版本）	标准名称	发布时间
SJ/T 11281—2003	《LED 显示屏测试方法》	2003 年
SJ/T 11281—2007		2007 年
SJ/T 11281—2017		2017 年
SJ/T 11141—1997	《LED 显示屏通用规范》	1997 年
SJ/T 11141—2003		2003 年
SJ/T 11141—2017		2017 年

同时，LED 产品各类应用部门开展了相关标准的研究，从工程应用角度出发，制订了一系列标准，这些标准对工程实践起到了非常重要的指导作用，部分标准如表 4-1-2 所示。

表 4-1-2 LED 产品应用标准（示例）

标准编号	标准名称	发布部门
GA/T 484—2018	《LED 道路交通诱导可变信息标志》	中华人民共和国公安部
GB 23826—2009	《高速公路 LED 可变限速标志》	中华人民共和国国家质量监督检验检疫总局、中国国家标准化管理委员会

标准编号	标准名称	发布部门
GB/T 23826—2009	《高速公路 LED 可变信息标志》	中华人民共和国国家质量监督检验检疫总局、中国国家标准化管理委员会
JT/T 597—2022	《LED 车道控制标志》	中华人民共和国交通部
GB/T 34428.3—2017	《高速公路监控设施通信规程　第 3 部分：LED 可变信息标志》	中华人民共和国国家质量监督检验检疫总局、中国国家标准化管理委员会
GB/T 29458—2012	《体育场馆 LED 显示屏使用要求及检验方法》	中华人民共和国国家质量监督检验检疫总局、中国国家标准化管理委员会

4.2　LED 显示屏相关参数检测标准

目前，在实际的 LED 显示屏生产、安装、验收过程中，各行业企业均按照各自企业标准或工程项目所属行业标准进行指导，导致各类型工程项目执行标准差异较大。下面结合 SJ/T 11281—2017《LED 显示屏测试方法》和 SJ/T 11141-2017《LED 显示屏通用规范》两种使用较为广泛的标准，对 LED 显示屏使用过程中重要技术参数的检测原理、检测条件、测量步骤等进行讲解。

4.2.1　灰度等级检测

1）目的

测量显示屏从无灰度到最高灰度之间的亮度变化级数。

2）测量原理

灰度等级一般分为无灰度、4 级灰度、8 级灰度、16 级灰度、32 级灰度、64 级灰度、128 级灰度、256 级灰度、1024 级灰度、4096 级灰度等。在任一灰度等级中，亮度随灰度等级的增加单调上升。

3）测量条件

（1）环境照度变化率小于±10%。

（2）彩色分析仪（又称光枪）采集范围不得少于 16 个相邻像素。

（3）在整个测试过程中，彩色分析仪的采集范围不变。

4）测量步骤

（1）启动测试软件，选择灰度测试功能，逐级增加灰度等级，显示屏的亮度应随灰度等级的增加单调上升。

（2）实际灰度等级 G 按以下规定。

① 若 $1 < G \leqslant 2$，则显示屏无灰度。

② 若 $2 < G \leqslant 4$，则显示屏具有 4 级灰度。

③ 若 $4 < G \leqslant 8$，则显示屏具有 8 级灰度。

④ 若 $8 < G \leqslant 16$，则显示屏具有 16 级灰度。

⑤ 若 $16 < G \leqslant 32$，则显示屏具有 32 级灰度。

⑥ 若 $32 < G \leqslant 64$，则显示屏具有 64 级灰度。

⑦ 若 $64 < G \leqslant 128$，则显示屏具有 128 级灰度。

⑧ 若 $128 < G \leqslant 256$，则显示屏具有 256 级灰度。

依次类推。

4.2.2 色域检测

1. 基色主波长误差

1）目的

测量显示屏各基色主波长与标称主波长的误差。

2）测量原理

基色主波长误差的测量原理如图 4-2-1 所示，根据彩色分析仪的特性，测量方法可以分为两种，一种是直接读取主波长，另一种是通过色品坐标计算获取主波长。

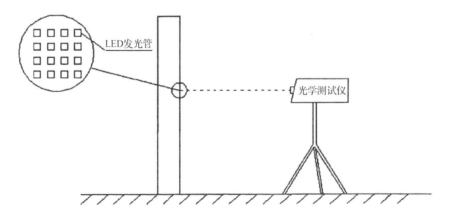

图 4-2-1　基色主波长误差的测量原理

3）测量条件

（1）环境照度变化率小于 10lx。

（2）周围不允许存在有色光源（暗室内）。

（3）彩色分析仪采集范围不得少于 16 个相邻像素。

（4）显示屏置于最高灰度和最高亮度。

4）测量步骤

（1）直接读取法。

① 用彩色分析仪分别测量红、绿、蓝各基色的主波长。

② 计算实测主波长与标称主波长的差值。

③ 最大值为基色主波长误差 $\Delta\lambda_D$。

（2）色品坐标计算法。

① 用彩色分析仪分别测量红、绿、蓝各基色的色品坐标。

② 将测出的某基色的色品坐标(x,y)代入式（4-1）和式（4-2）进行计算：

$$k_x = (x-x_0)/(y-y_0) \tag{4-1}$$

$$k_y = (y-y_0)/(x-x_0) \tag{4-2}$$

式中，x_0、y_0——CIE 标准光源 E（等能光源）的色品坐标$(x_0=0.3333,y_0=0.3333)$；

k_x、k_y——CIE 标准光源 E（等能光源）恒定主波长线的斜率。

③ 选取 k_x 和 k_y 之中绝对值较小的数值，查出相应的（基色）主波长。分别测量红、绿、蓝各基色的色品坐标所对应的主波长。

④ 计算出各基色主波长与标称主波长的差值，最大值为基色主波长误差 $\Delta\lambda_D$。

2．白场色坐标

1）目的

测量全彩 LED 显示屏的白场色坐标。

2）测量原理

白场色坐标的测量原理参考图 4-2-1，根据彩色分析仪的特性，直接读取白场色坐标。

3）测量条件

（1）环境照度变化率小于±10%，且不存在明显的有色光源。

（2）彩色分析仪采集范围不得小于 16 个相邻像素。

4）测量步骤

（1）在最高灰度和最高亮度下，显示屏显示全白色图像。

（2）用彩色分析仪进行白场色坐标的测量。

（3）根据 CIE 1931 的规定，以色温 6500～9300K 为中心给出白场色坐标范围，如表 4-2-1 所示。

表 4-2-1　白场色坐标范围

X 坐标	Y 坐标
0.28	0.25
0.27	0.30
0.37	0.33
0.33	0.37

4.2.3　刷新率检测

1）目的

测量 LED 显示屏每秒显示数据被重复的次数。

2）测量原理

刷新率的测量原理如图 4-2-2 所示，由于 LED 发光管没有余晖效应，所以显示屏的每帧画面都会进行多次重复刷新，周期性包络线在示波器上出现的频率即刷新率。

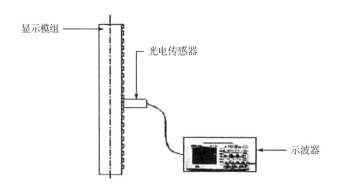

图 4-2-2　刷新率的测量原理

注：通常显示屏的刷新率为 60～5000Hz。

3）测量条件

（1）环境照度变化率小于±10%。

（2）光电传感器的频率响应带宽大于 50MHz。

4）测量步骤

（1）将显示屏置于最高亮度，显示刷新率标准测试图像。

（2）将光电传感器置于显示屏像素法线方向的正前方，光电传感器到像素点的距离以像素光强能够辐射到光电传感器的受光靶面为宜。

（3）将示波器的探针夹在光电传感器的输出端。

（4）调整示波器，选择适当的量程，使其输出呈现稳定的有规律的波形。

（5）观察波形，并测出一组波形的周期。

（6）由如下公式计算刷新率：

$$F_c=1/T \tag{4-3}$$

式中，F_c——刷新率（Hz）；
T——波形的周期（s）。

4.2.4　均匀性检测

1. 像素光强均匀性

1）目的
测量同一块显示屏中像素之间的光强的一致性。

2）测量原理
像素光强均匀性的测量原理如图 4-2-3 所示，用光强仪逐一测试像素的光强。

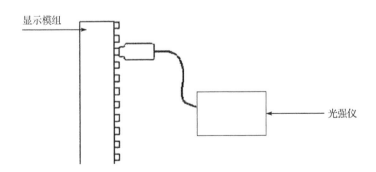

图 4-2-3　像素光强均匀性的测量原理

3）测量条件
环境照度变化率小于±10%，且不存在明显的有色光源。

4）测量步骤

（1）所有测量均指像素法线光强，即光强仪必须垂直于 LED 显示屏。

（2）在全屏范围内任意离散抽取 30 个像素（黑屏状态下随机选择 30 个像素）。

（3）在最高灰度和最高亮度下，全屏显示单红色。

（4）用光强仪分别测量这 30 个像素的光强，进行算术平均计算得到 $\overline{I}$。

（5）用式（4-4）计算出红色像素光强均匀性 IRJ：

$$\mathrm{IRJ} = 1 - \frac{\left|I_i - \overline{I}\right| \max}{\overline{I}} \times 100\% \qquad (4\text{-}4)$$

式中，IRJ——像素光强均匀性；

I_i——像素光强（cd）；

$\overline{I}$——30 个像素的光强算术平均值，即 $\overline{I} = \dfrac{\sum\limits_{i=1}^{30} I_i}{30} (i = 1,2,3,\cdots,30)$（cd）。

（6）用同样的方法，分别测量绿色和蓝色像素光强均匀性 IGJ 和 IBJ，最大值为该显示屏像素光强均匀性 IRJ。

2. 显示模块亮度均匀性

1）目的

测量同一块显示屏中模块之间的亮度的一致性。

2）测量原理

显示模块亮度均匀性的测量原理参考图 4-2-3，根据彩色分析仪可以直接读取显示屏亮度。

3）测量条件

（1）环境照度变化率小于±10%。

（2）彩色分析仪采集范围不得少于 16 个相邻像素。

4）测量步骤

（1）在测量过程中，观测线与显示屏之间的角度均不变。

（2）在全屏范围内任意离散抽取 9 个显示模块（黑屏状态下随机选择 9 个显示模块）。

（3）在最高灰度和最高亮度下，全屏显示某一基色。

（4）用彩色分析仪分别测量这 9 个显示模块的亮度，进行算术平均计算得到 $\overline{L}$。

（5）用式（4-5）计算出该基色的显示模块亮度均匀性 LJ：

$$LJ = 1 - \frac{|L_i - \overline{L}|\max}{\overline{L}} \times 100\% \qquad (4\text{-}5)$$

式中，LJ ——显示模块亮度均匀性；

L_i ——显示模块亮度（cd/m²）；

$\overline{L}$ ——9 个显示模块的亮度算术平均值，即 $\overline{L} = \dfrac{\sum\limits_{i=1}^{9} L_i}{9}$ （$i = 1, 2, 3, \cdots, 9$）（cd/m²）。

（6）用同样的方法，分别测量红、绿、蓝三基色的显示模块亮度均匀性，最大值为该显示屏显示模块亮度均匀性 LJ。

3. 显示模组亮度均匀性

1）目的

测量同一块显示屏中模组之间的亮度的一致性。

2）测量原理

同显示模块亮度均匀性一致。

3）测量条件

（1）环境照度变化率小于±10%。

（2）彩色分析仪采集范围不得少于 16 个相邻像素。

4）测量步骤

（1）在测量过程中，观测线与显示屏之间的角度均不变。

（2）在全屏范围内任意离散抽取 9 个显示模组（黑屏状态下随机选择 9 个显示模组）。

（3）在最高灰度和最高亮度下，全屏显示某一基色。

（4）用彩色分析仪分别测量这 9 个显示模组的亮度，进行算术平均计算得到亮度算术平均值 $\overline{L}$。

（5）用式（4-6）计算出该基色的显示模组亮度均匀性 LMJ：

$$LMJ = 1 - \frac{|L_i - \overline{L}|\max}{\overline{L}} \times 100\% \qquad (4\text{-}6)$$

式中，LMJ ——显示模组亮度均匀性；

L_i ——显示模组亮度（cd/m²）；

115

$\bar{L}$——9 个显示模组的亮度算术平均值，即 $\bar{L} = \dfrac{\sum\limits_{i=1}^{9} L_i}{9}$ $(i = 1,2,3,\cdots,9)$ （cd/m²）。

（6）用同样的方法，分别测量红、绿、蓝三基色的显示模组亮度均匀性，最大值为该显示屏显示模组亮度均匀性 LMJ。

▶ 4.2.5　亮度检测

1）目的

测量显示屏在一定环境照度下的最大亮度。

2）测量原理

最大亮度的测量原理参考图 4-2-1，根据彩色分析仪可以直接读取显示屏的亮度。

3）测量条件

（1）环境照度变化率小于±10%，且不存在明显的有色光源。

（2）彩色分析仪采集范围不得少于 16 个相邻像素。

4）测量步骤

（1）在显示屏全黑的情况下，用彩色分析仪测量显示屏的背景亮度 L_D。

（2）在最高亮度和最高灰度下，用彩色分析仪测量显示屏的亮度 L_{max}。

（3）最大亮度为 $L = L_{max} - L_D$。

（4）用上述方法分别按需测量红、绿、蓝、黄、白（在规定的白场色坐标下）等的最大亮度。

▶ 4.2.6　最高对比度检测

1）目的

测量显示屏在规定条件下的最高对比度。

2）测量原理

同 4.2.5 节亮度检测一致。

3）测量条件

（1）室内显示屏屏面法线方向的照度为 10×(1±10%)lx。

（2）室外显示屏屏面法线方向的照度为 5000×(1±10%)lx。

（3）彩色分析仪采集范围不得少于 16 个相邻像素。

4）测量步骤

（1）按照 4.2.5 节的测量步骤分别测出显示屏的亮度 L_{max} 和背景亮度 L_D。

（2）按式（4-7）计算出最高对比度 C：

$$C = (L_{max} - L_D) / L_D \tag{4-7}$$

式中，C——最高对比度；

L_{max} ——显示屏的亮度（cd/m²）；

L_D ——背景亮度（cd/m²）。

4.3　指标补充说明

在用户验收屏体的过程中，还有一些参数是用户非常关注，但暂未录入国家标准的，下面对这部分参数进行解释说明。

4.3.1　墨色一致性

墨色差异是 LED 模组在生产过程中因防护面罩颜色不均匀产生的，墨色差异过大会让 LED 显示屏的对比度大打折扣，如图 4-3-1 所示。对比度是指 LED 显示屏自发光时最大亮度与不发光时显示屏反射亮度的比值。将反射亮度不均匀导致的显示屏对比度呈现局部明显差异的现象称为墨色不一致，从不同的角度看到的墨色差异不同。结合目前行业经验，对于墨色一致性的检测，大多采用人眼主观评测的方法。

一般的评测方法大致如下：黑屏下置于灯光均匀的室内，站在显示屏最佳观测距离点进行显示屏墨色观察。若出现墨色不一致的情况，则会看到整屏不同的位置出现不同的反光度，这种反光度差异越大，表明墨色差异越大。

图 4-3-1 墨色不一致的显示屏

4.3.2 均匀性

均匀性是 LED 显示屏最基本的参数要求，均匀性不佳的显示屏对于播放内容的影响非常大。一般从以下三个维度评测显示屏的均匀性。

1. 色块

色块分为故障型和非故障型，如图 4-3-2 所示。故障型色块是驱动 IC 或接收卡输出故障导致的，这类色块问题一般在显示屏出厂时就可以解决；非故障型色块多出现在新型显示技术如 COB 面板中，多数是封装技术导致的无法混灯，在固晶的时候波长、亮度相同的芯片出现"聚集"性现象。这种现象好比在一群人中，一部分人穿的粉红色衣服，另一部分人穿的洋红色衣服。如果穿粉红色衣服的人站在一起，穿洋红色衣服的人站在一起，那么人眼会立马分辨出颜色的不同。但是如果穿粉红色衣服的人和穿洋红色衣服的人穿插站立，那么在一定距离下，人眼会比较难分辨这种颜色差异。

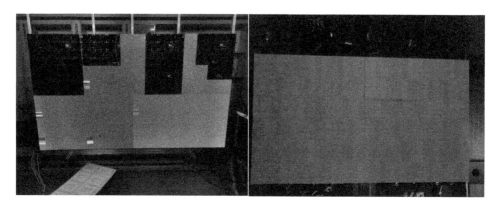

图 4-3-2 色块

2. 亮度均匀性

亮度均匀性是 LED 显示屏比较常见的一个评测指标。按照现行的 LED 显示屏商用标准，需要采用 9 点测试法进行评测，即需要使用彩色分析仪在 LED 显示屏上均匀选择 9 个点，测量这 9 个点的亮度，进行误差对比，误差越大，表明亮度越不均匀。但是对于 LED 大屏，9 点测试法有一定的不公平性，主要原因是 LED 显示屏是直接发光产品，LED 大屏一般使用的发光芯片非常多，而 LED 发光芯片从制造出来便会出现亮度差异，后期即使经过亮度校正的补偿，也只能在一定程度上优化而不能消除这种差异。目前，行业普遍认为 LED 显示屏是给人看的，所以亮度均匀性可通过人眼评测出结果。这种评测方法一般是在 LED 显示屏出厂时，分别显示纯色 R、G、B、W 来观测在这些纯色下人眼看起来均匀的程度。

3. 色度均匀性

色度均匀性是在亮度均匀性的基础上评价 LED 显示屏质量的另一个评测指标，色度均匀性差异对比如图 4-3-3 所示。通过色度校正后，LED 显示屏的色度均匀性会有很大提升。对于色度均匀性评测，一般方法是通过人眼直接观察在 LED 显示屏显示纯色下能否看出来色差。色度均匀性评测需要评测人有一定的颜色识别基础和经验。

图 4-3-3　色度均匀性差异对比

▶ 4.3.3　色温标准

LED 显示屏色温是指光源发射光的颜色与黑体在某一温度下辐射光的颜色相同时，使用黑体的温度来表示该光源的色温，如图 4-3-4 所示。色温单位是开尔文（Kelvin），符号为 K。开尔文与摄氏度的换算公式为 $T(K)=t(℃)+273.15$。

显示屏显示白色时的颜色越青表示显示屏色温越高，越红表示显示屏色温越低。显示屏出厂时，一般会根据不同国家的人眼观看需求对色温做对应调整。欧美国家多数需求偏暖色，而亚洲国家多数需求偏冷色。测试方法比较简单，一般通过彩色分析仪直接采集纯白时的色温来评测是否达到需求标准。

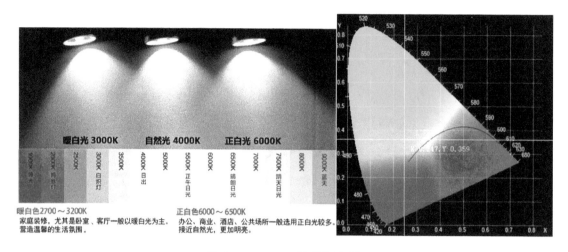

图 4-3-4　LED 显示屏色温

4.3.4　机器视觉下的 LED 显示屏硬件指标

随着 LED 显示技术不断成熟，LED 显示屏的应用范围也越来越广，不仅为人眼观测呈现了丰富的内容，而且为摄像机等机器观测提供了多种拍摄的可能性，典型应用如 XR 虚拟拍摄、2020 年春节联欢晚会拍摄场景等。

具体来说，机器拍摄对 LED 显示屏有哪些特殊要求呢？

（1）当摄像机拍摄时不能拍摄出"黑线"。这种"黑线"的出现是摄像机快门频率和 LED 显示屏刷新率不同步导致的，一般 LED 显示屏刷新率要足够高，才可避免摄像机拍摄出"黑线"。

（2）独特的内容呈现方式。由于拍摄过程中会存在许多创意性的拍摄手法，LED 显示屏要满足这类创意性拍摄，就必须提供更灵活的内容呈现，而这种内容呈现方式在人眼看来是非常不适的。例如，为了便于影片的后期制作，摄像机单次要拍摄 4 种不同的背景，那么就需要显示屏在摄像机单次拍摄（4 次快门）过程中呈现 4 次内容，此时人眼观测 LED 显示屏时，会明显感觉到不适。

总的来说，为了满足专业的机器视觉观测，LED 显示屏需要注意以下硬件指标，如图 4-3-5 所示。

① 刷新率要足够高。

② 不同灰阶下稳定的色温呈现。

③ 足够广的色域，满足不同拍摄场景需求。

④ 足够高的动态范围，满足拍摄内容的真实感呈现。

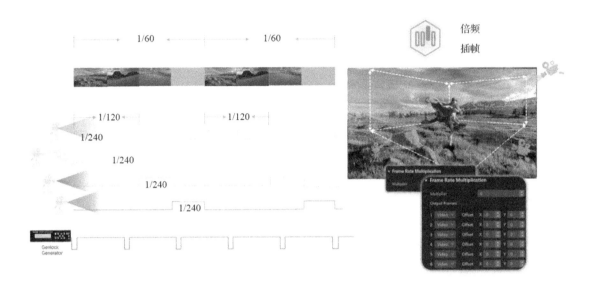

图 4-3-5　LED 显示屏的硬件指标

第 5 章

故障排查方法及工具使用

5.1　故障排查思路及方法

LED 显示屏系统通常包含供电系统、屏体、视频源、控制系统及各种线材。由于涉及的组成部分较多，在屏体显示出现故障时，需要快速对屏体进行系统性排查，以定位和排除故障。为了高效和准确地解决各类故障，需要采用一些科学的排查方法，常用的故障排查方法有 3 种：控制变量法、交叉验证法和差异比较法，下面将对这 3 种方法进行说明。

1. 控制变量法

控制变量法是指对影响结果的各变量进行列举，在进行故障排查时保持其他变量不变，仅改变其中一个可能影响结果的变量。若对结果有影响，则认定此变量为可能原因之一，反之则确定其不影响结果。通过控制变量法逐一进行排查，最终排查出故障发生的原因。

例如，当 LED 显示屏出现闪屏现象时，可以使用控制变量法进行排查。不改变其他硬件，仅更换接收卡，观察闪屏现象是否消失；依次类推，逐一更换箱体排线、电源、网线、控制器、视频源类型、计算机等硬件，观察闪屏现象是否消失，直至故障排除。

2. 交叉验证法

交叉验证法是指在相同条件和环境下的两套工作系统产生了不同的结果，在确定导致结果异常的原因之前，从中交换正常和异常的相同系统组件，从而定位出结果异常的原因或影响因素，进一步给出解决方案。

例如，某个 LED 现场出现了以接收卡为单位的黑屏问题，可以尝试将黑屏位置的接收卡与正常显示位置的接收卡进行互换，观察问题是否仍存在。如果问题跟随接收卡变动，那么就是接收卡存在问题；如果黑屏问题位置固定，那么就是当前位置的硬件连接存在问题；尝试排查电源、排线、网口、网线等硬件。这类研究问题的方法就是交叉验证法。

3. 差异比较法

差异比较法是指在研究某个具体问题时，对于涉及问题可能性的相同组件进行全面的比较，从存在的差异中发现可能导致问题的原因，从而给出解决方案。

例如，有两个相同的接收卡配置文件，分别发送到接收卡后，一个显示正常，另一个显示异常。此时需要对比这两个配置文件的区别，可以通过文件比较工具（Beyond Compare）进行对比，比较二者的差异，找出根本原因。

5.2 故障排查软件工具

5.2.1 Bus Hound

1. 软件介绍

Bus Hound 是美国 Perisoft 公司研发的串口抓包软件，可以对计算机和设备间传输的命令进行监控、显示和控制，可对 USB、串口、硬盘、键盘、鼠标和蓝牙等各类数据进行监听，在设备调试和故障排查时可以通过监听实际传输的命令，从具体指令格式及数据中定位出异常环节。Bus Hound 的主界面如图 5-2-1 所示。

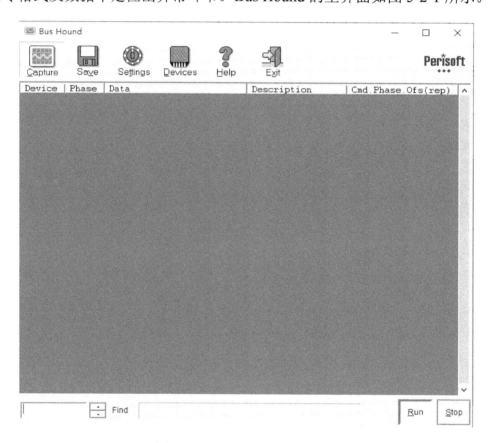

图 5-2-1 Bus Hound 的主界面

Bus Hound 的各功能区介绍如下。

"Capture"（捕获）：命令捕获窗口，可对捕获的命令进行监听和显示，启动命令监听或停止命令监听。

"Save"（保存）：将捕获的命令信息保存为文件，可选择保存为文本或压缩文件。

Settings "Settings"（设置）：可对命令捕获的长度和容量、需要捕获的参数命令和显示的命令进行设置。

Devices "Devices"（设备）：可对安装在计算机上的各种硬件设备或协议类型进行选择，支持选择多个不同类型的设备，并且支持向对应设备发送命令，如图 5-2-2 所示。

Help "Help"（帮助）：可提供软件功能及属性说明、软件各模块功能及参数定义说明。

Exit "Exit"（退出）：退出软件。

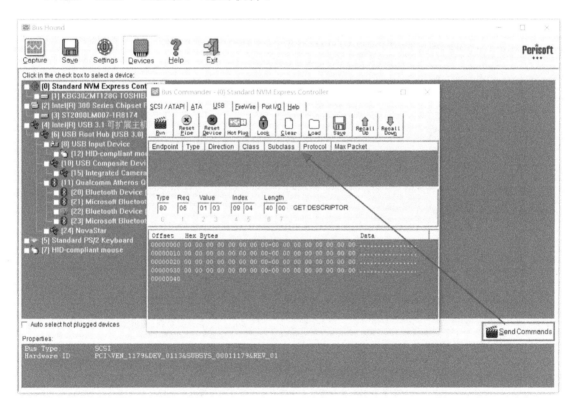

图 5-2-2　发送命令

在菜单栏可对需要捕获的参数及数据进行设置，介绍如下。

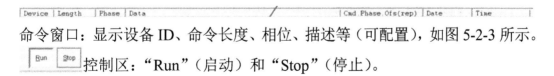

命令窗口：显示设备 ID、命令长度、相位、描述等（可配置），如图 5-2-3 所示。

Run Stop 控制区："Run"（启动）和"Stop"（停止）。

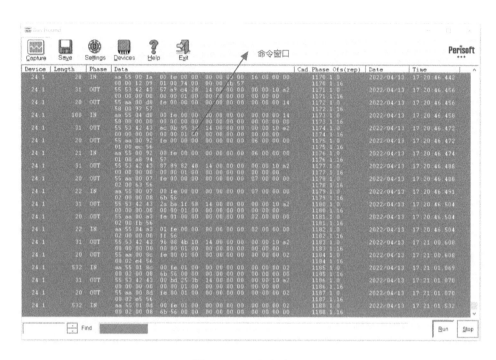

图 5-2-3　命令窗口

2．操作步骤

步骤 1：通过 USB 接口连接计算机和设备，确保驱动程序已安装完毕。

步骤 2：运行 Bus Hound，单击"Devices"按钮，在设备选择页面选择需要捕获数据的设备，如图 5-2-4 所示。

图 5-2-4　设备选择页面

步骤 3：根据需要测量的目标数据，设置指令长度和容量、停止条件、捕获数据类型及数据显示设置。若目标指令信息不能确定，则指令参数可以设置得偏大一些，如图 5-2-5 所示。

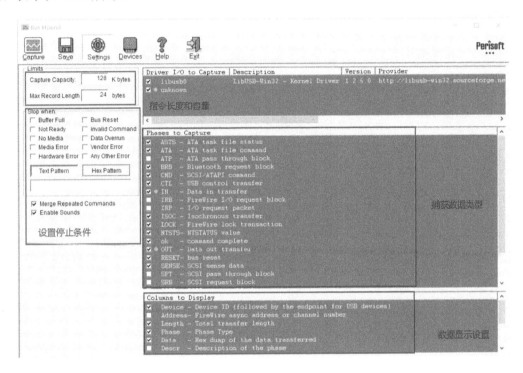

图 5-2-5　指令参数设置

步骤 4：在命令窗口读取需要的命令信息，可通过命令发送工具进行验证，如有需要，可对命令信息进行保存，如图 5-2-6 所示。

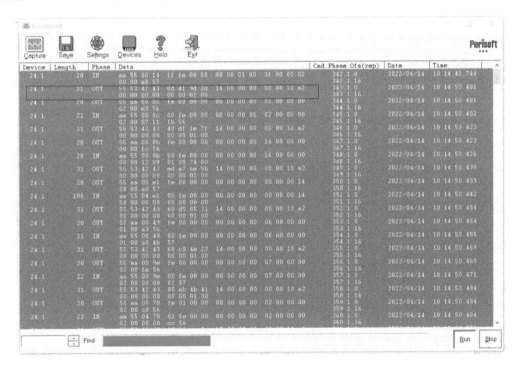

图 5-2-6　读取需要的命令信息

3. 使用场景

在对 LED 显示屏控制系统进行调试时，上位机软件与控制器之间通过串口或 USB 通信，它们之间的通信命令可以通过 Bus Hound 进行抓取。例如，当屏体在使用过程中出现亮度跳变问题时，若想确认是否为上位机软件给屏体下发了调整亮度的命令，则需要使用 Bus Hound 抓取上位机软件下发给控制器的命令，检查是否存在与亮度相关的命令。

5.2.2 Wireshark

1. 软件介绍

Wireshark 是一款世界性的、最早和最广泛使用的网络封包分析软件，在 1998 年由 Gerald Combs 开发并延续至今。可实现多种网络协议数据的捕获，支持在线捕获和离线分析，支持 Windows、Linux、macOS、Solaris、FreeBSD、NetBSD 等多个操作系统。Wireshark 的主界面如图 5-2-7 所示。

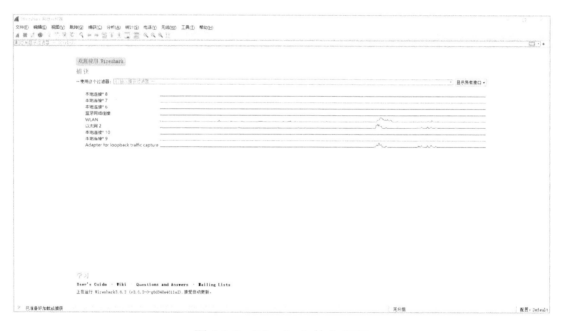

图 5-2-7　Wireshark 的主界面

2. 操作步骤

步骤 1：搭建好网络环境，使计算机和目标设备建立网络通信条件。

步骤 2：运行 Wireshark，选择具体的捕获网络连接及方式，如图 5-2-8 所示。双击对应的网络连接名称，以以太网 2 为例，可进入图 5-2-9 所示的监听界面。

图 5-2-8　网络连接选择

图 5-2-9　监听界面

129

步骤 3：单击菜单栏的"捕获选项"  按钮，设置过滤条件，如图 5-2-10 所示。

图 5-2-10　设置过滤条件

步骤 4：设置完以上参数后，单击"开始"按钮，捕获网络数据，如图 5-2-11 所示。

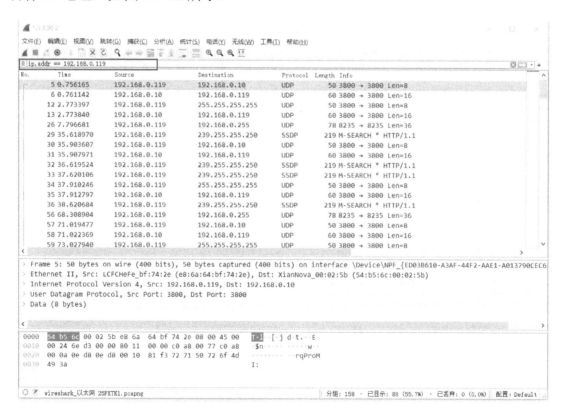

图 5-2-11　捕获网络数据

步骤 5：设置目标 IP 地址及协议类型，目标 IP 地址过滤条件格式为 ip.addr == 目标 IP 地址，如图 5-2-12 所示。

图 5-2-12　设置目标 IP 地址及协议类型

步骤 6：获取目标协议及指令，以发送端 192.168.0.119、接收端 192.168.0.10 为例，可以看出总数据长度为 50，端口号为 3800，数据长度为 8，如图 5-2-13 所示。

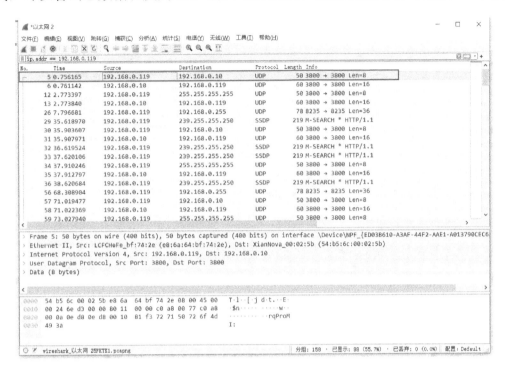

图 5-2-13　获取目标协议及指令

针对捕获的数据，可以查看数据帧、以太网、互联网协议、用户数据报文协议和数据，如图 5-2-14 所示。

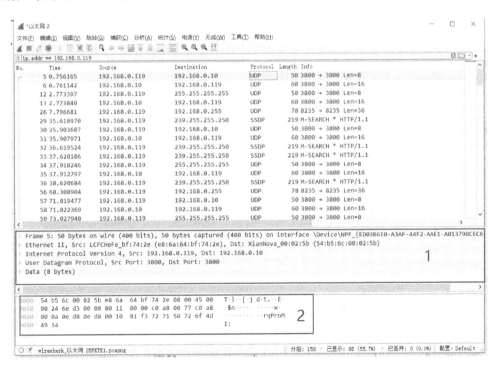

图 5-2-14　数据协议类型数据分析

步骤 7：执行"文件"→"保存"命令，保存捕获的数据，方便后期进行离线分析，如图 5-2-15 所示。

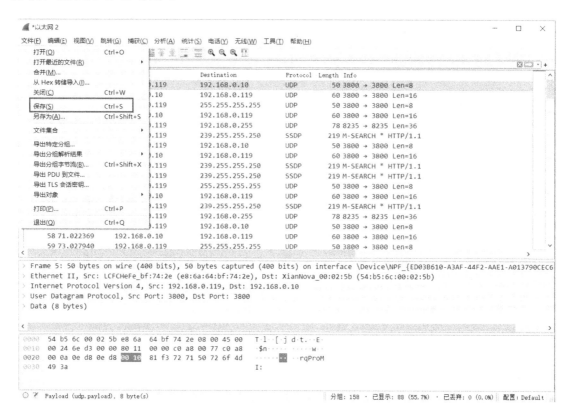

图 5-2-15 保存捕获的数据

3. 使用场景

Wireshark 主要用于网络通信命令的抓取。在对 LED 显示屏控制系统进行调试时，上位机软件与控制器之间通过网口进行通信，它们之间的通信命令可以通过 Wireshark 进行抓取。另外，诺瓦星云的屏老板可以通过网络远程对屏体下发命令，这类屏体在使用过程中出现的显示问题，可以利用 Wireshark 抓取命令包进行定位。

5.2.3 Beyond Compare

1. 软件介绍

Beyond Compare 是美国 Scooter Software 公司开发的文件比较工具，支持 Windows、macOS、Linux 操作系统。借助此软件，用户可以对比文件、代码、文本及文件夹之间的差异，在排除和定位问题时可以清楚地找出并标记差异内容，其主界面如图 5-2-16 所示。

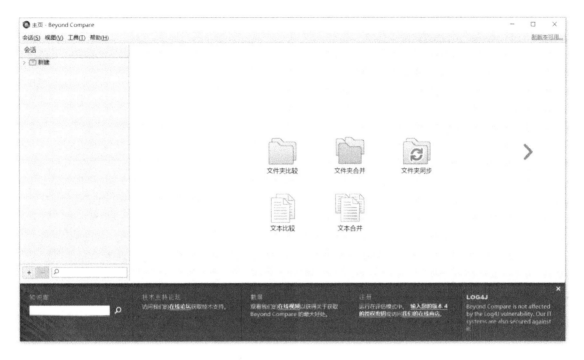

图 5-2-16　Beyond Compare 的主界面

Beyond Compare 具备的功能和可比较的文件类型包括以下几种：文件夹比较、文件夹合并、文件夹同步、文本比较、文本合并、表格比较、16 进制比较、MP3 比较、图片比较、注册表比较和版本比较，如图 5-2-17 所示。

133

图 5-2-17　Beyond Compare 具备的功能和可比较的文件类型

2．操作步骤

步骤 1：在计算机端运行 Beyond Compare。

步骤 2：选择需要比较的文件类型，可通过以下 3 种方法新建会话。

方法一：在菜单栏执行"会话"→"新建会话"命令，如图 5-2-18 所示。

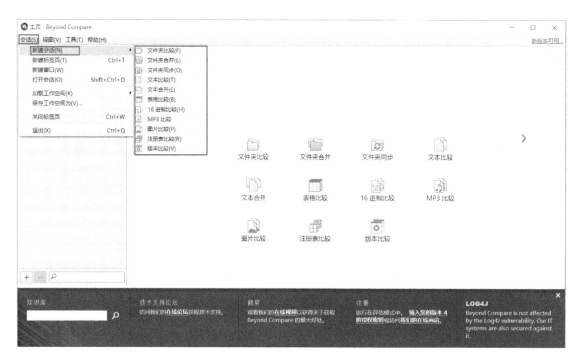

图 5-2-18　新建会话方法一

方法二：在左侧导航窗口中双击"新建"按钮，如图 5-2-19 所示。

图 5-2-19　新建会话方法二

方法三：在右侧双击对应的功能按钮，如图 5-2-20 所示。

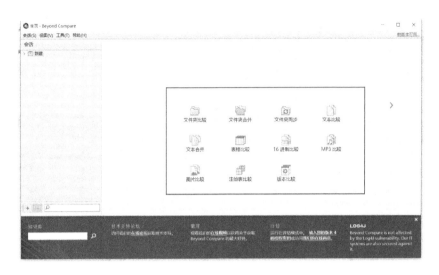

图 5-2-20   新建会话方法三

步骤 3：在"新建会话"中选择"图片比较"选项，比较图 5-2-21 中两张图片的差异。其中，图片 1 为原图，图片 2 是在图片 1 的基础上进行修改得到的。将图片 1 拖动到比较窗口左侧，图片 2 拖动到比较窗口右侧（也可单击文件夹图标，选择要比较的文件路径），比较结果如图 5-2-22 所示。

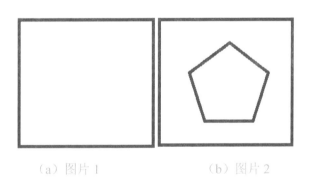

（a）图片 1   （b）图片 2

图 5-2-21   图片比较

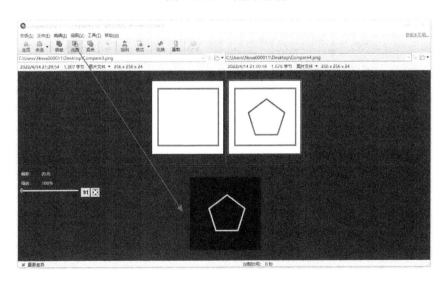

图 5-2-22   图片比较结果

135

从比较结果可以看出两张图片的差异，也可读取两张图片的创建时间、大小、分辨率等数据，如图 5-2-23 所示。

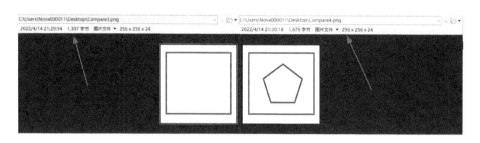

图 5-2-23　读取图片数据

步骤 4：可以对会话进行保存，方便下次快速打开已比较的历史文件。

不同类型的文件比较方法类似，可参考以上步骤进行操作。

3. 使用场景

在 LED 显示屏的调试及问题定位过程中，Beyond Compare 主要用于对比程序接口读取的参数及关键文件。将显示正常的参数与显示异常的参数进行比较，定位问题，并进行调试修改。

5.3　常用硬件工具

5.3.1　示波器

1. 产品介绍

示波器由电子管放大器、扫描振荡器、阴极射线管等组成，是一种用途十分广泛的电子测量仪器。它能把人眼看不见的电信号变换成看得见的图像，便于人们研究各种电现象的变化过程。传统的模拟示波器的工作原理是：利用狭窄的、由高速电子组成的电子束，打在涂有荧光物质的屏面上，就可产生细小的光点。在被测信号的作用下，电子束就好像一支笔的笔尖，可以在屏面上描绘出被测信号的瞬时值的变化曲线。利用示波器能观察不同信号幅度随时间变化的波形曲线，还可以测试不同的电参数，如电压、电流、频率、相位差、调幅等。

示波器作为当前应用十分广泛的测试仪器，具有超过 500MHz 的带宽、不小于 6.25GS/s 的最大采样率、800ps 的上升时间及较大的采样深度等，可以精准地测量出各种直流信号、交流信号的电压幅度，以及各种信号的周期及换算频率，显示各种信号的波形以分析信号是否有误，在显示面板上同时显示两个或多个信号波形进行追踪测量，以确定多个信号间的相位差、形状差异等。

　　示波器按照信号类别可分为模拟示波器和数字示波器，下面主要以数字示波
器 SDS 1202X-C 为例进行介绍，如图 5-3-1～图 5-3-3 所示。

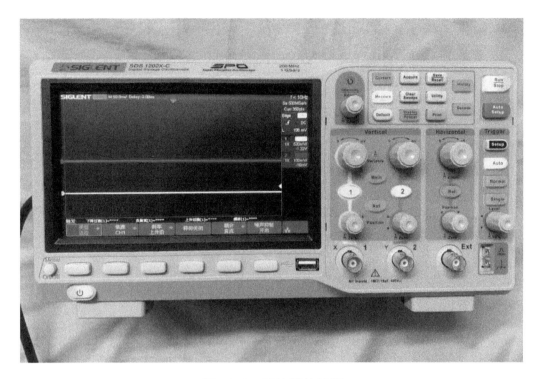

图 5-3-1　示波器的外形

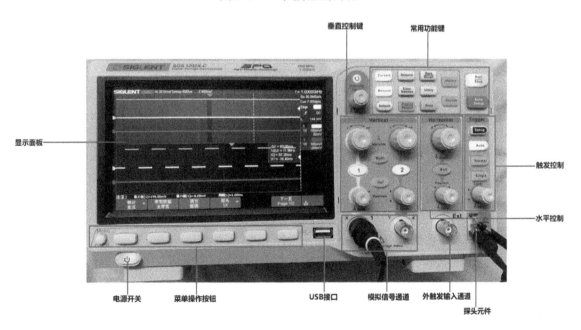

图 5-3-2　示波器接口及按钮介绍

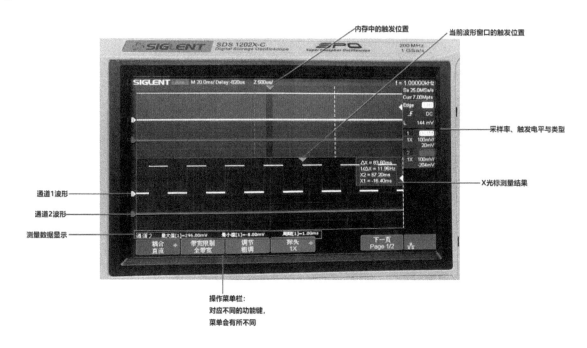

图 5-3-3　示波器显示面板介绍

2. 探头介绍

示波器探头如图 5-3-4 所示。在首次将探头与任一输入通道连接时，需要进行探头补偿操作，使探头与输入通道相匹配，未经补偿或补偿偏差的探头会导致测量误差或错误。

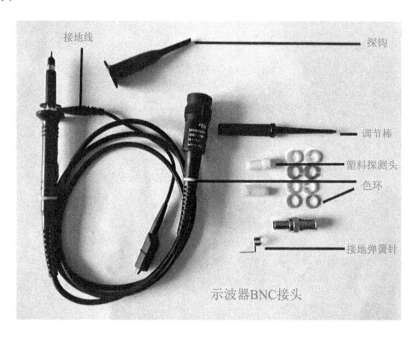

图 5-3-4　示波器探头

为确保测量结果的准确性与正确性，应将示波器探头衰减挡位调整至 10×挡，随后将探头与示波器的通道 1 相连，如图 5-3-5 和图 5-3-6 所示。若采用探钩进行测试，则应确保被测信号与探头紧密接触，并将探头探极与探头补偿器的校正方波信号输出连接器相连，基准导线夹与探头补偿器的地线连接器相连，打开通道 1，按下"AUTO"按钮。

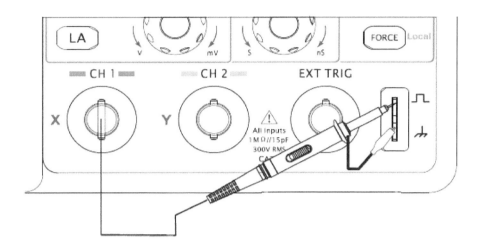

图 5-3-5　探头连接

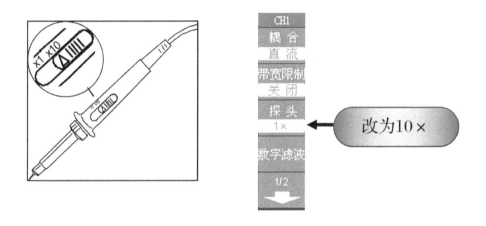

图 5-3-6　探头调节

　　检查所显示波形的形状，如必要，使用非金属质地的螺丝刀调整探头上的可变电容，直到显示面板上显示图 5-3-7 所示的"补偿正确"波形。

补偿过度　　　　　　补偿正确　　　　　　补偿不足

图 5-3-7　补偿信号的波形

3. 常用设置

在测量信号时需要调节示波器的设置来适应信号，使显示面板上呈现出完整和最适合的波形，一般常用设置分为 3 个区域，分别为垂直控制、水平控制和触发设置，如图 5-3-8 所示。

垂直控制： 使用伏/格（volts/div）控制功能，若波形太低，则可以适当增加输入信号，调小显示面板上显示的伏/格；若波形太高看不到顶，则衰减输入信号，调大显示面板上显示的伏/格。纵轴的物理量是电压，每格代表有多少电压可以调节。

水平控制： 使用秒/格（s/div）控制功能，设置显示面板中水平方向表示的每格时间数量。横轴的物理量是时间，每格代表有多少时间可以调节。

触发设置： 只有满足预设的条件，示波器才会捕获一个波形，这种根据条件捕获波形的动作就是触发。触发条件有很多种，常用的有上升沿触发和电平触发。以正弦波为例，对示波器来说，上升沿触发就是正弦波处于上升状态，示波器开始工作，这时可以观察到正弦波从上升沿开始，反之从下降沿开始。电平触发就是若触发电平设置为 1V，则正弦波电压未达到 1V 的时候示波器不工作。可以拿一个标准信号源输出一个正弦波给示波器，调整一下触发的条件，如果正弦波的最高电压小于 1V，那么示波器无法显示正确的波形。

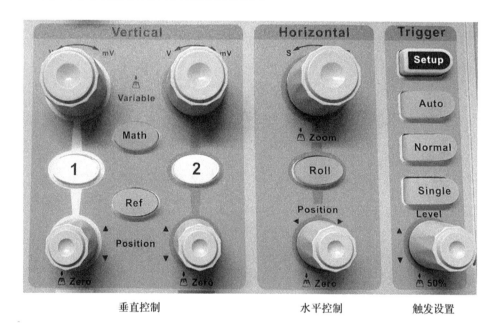

图 5-3-8　示波器常用设置

4. 波形测量

将探头连接到示波器的通道上，探头接地端需要接到被测系统的接地端，探头测量端接到需要测量的电路节点上，如图 5-3-9 所示。将被测信号连接到信号输入通道之后，按下"AUTO"按钮，示波器将自动设置垂直控制、水平控制和触发设置。如需要，可手动调节这些参数使波形显示达到最佳。

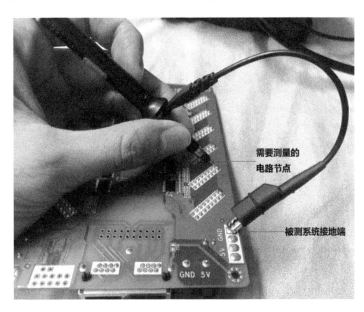

图 5-3-9 波形测量

5. 案例分享

有一个电路系统，要求使用示波器测量其任意类型信号，需要测量其峰峰值、占空比及频率，并使用两个探头测量同一类型信号，以进行波形追踪和比较。

步骤 1：设置补偿和校准

将示波器探头插入通道 1 的插孔，并将探头上的衰减挡位调整至 1×挡，探极接到示波器的校正方波信号输出端，调节垂直旋钮和水平旋钮，使显示面板上显示的波形稳定。调整探极上校正孔的补偿电容，直到显示面板上显示的方波为平顶，如图 5-3-10 所示。

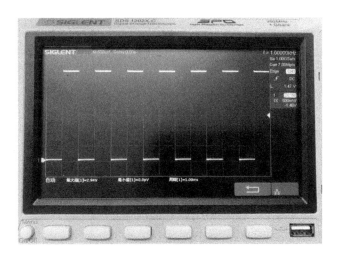

图 5-3-10 设置补偿和校准

步骤 2：测量信号波形

将探头接地端接到被测系统接地端，探极接到被测信号的节点处，再次调节垂直旋钮和水平旋钮，直到波形稳定并能清晰地观察到波形，如图 5-3-11 所示。

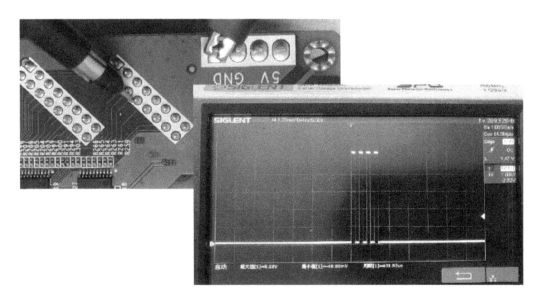

图 5-3-11　测量信号波形

步骤 3：手动测量波形峰峰值

按下功能键的"Run/Stop"按钮将波形锁定，启用"Cursors"调出测量光标，通过菜单操作按钮切换到 Y 光标进行峰峰值测量，通过调节旋钮来标定波形的最小值和最大值，显示面板上的 Y 为波形峰峰值，如图 5-3-12 所示。

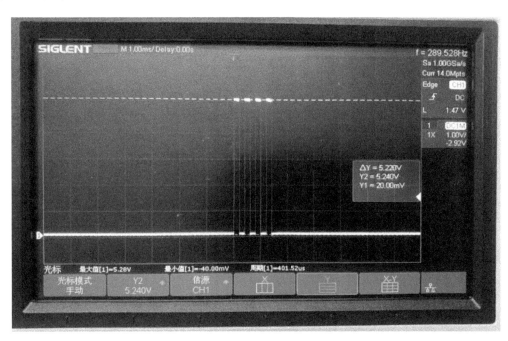

图 5-3-12　手动测量波形峰峰值

步骤 4：测量占空比和频率

波形占空比是指高电平在一个周期内所占的时间比率。如果某波形的脉宽为 1μs，信号周期为 4μs，那么此波形的占空比为 25%。

波形频率是指一个完整波形周期的倒数。如果一个波形的周期是 1ms，那么其频率就是 1/0.001=1kHz。

根据所测波形，可以借助光标和显示面板上的格数来读出高电平的宽度时间和周期，代入公式后即可得出对应的占空比和频率。另外，也可以使用示波器的自动测量功能直接获取并显示需要测量的信息。启用示波器的"Measure"功能，勾选"占空比"和"频率"复选框，即可在显示面板上实时获取数据。此时，可以看到该波形的占空比为 49.98%，频率为 2.49kHz，如图 5-3-13 所示。

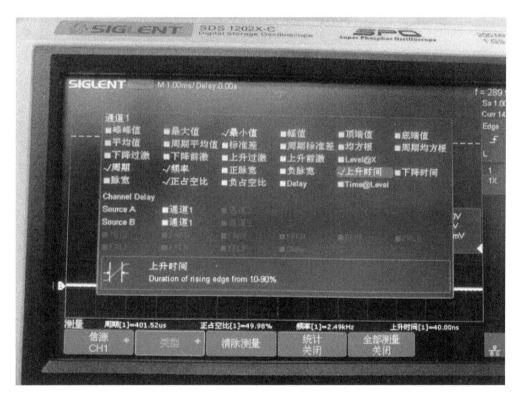

图 5-3-13　测量占空比和频率

步骤 5：两个波形的追踪和比较

将探头 1 接到通道 1，探头 2 接到通道 2，先对两个探头设置补偿和校准，完成后将两个探头的接地端接到被测系统接地端。两个探极同时接到被测信号的节点处，此时可以看到通道 1 和通道 2 的波形，如图 5-3-14 所示。最后调节两个通道的垂直旋钮和水平旋钮对波形进行追踪，直到可以直观地确认其相位、形状等差异，按下"Run/Stop"按钮可以锁定波形进行具体数据测量。

图 5-3-14 两个波形的追踪与比较

5.3.2 逻辑分析仪

1. 产品介绍

逻辑分析仪是分析数字系统的逻辑关系时常用的仪器，其技术指标可用作时序的判断和分析，其外形如图 5-3-15 所示。逻辑分析仪不像示波器那样有多个电压等级，而是采用数字电路中的二进制编码 0 和 1 来代表两个电压，即高于参考电压为逻辑 1，低于参考电压为逻辑 0。设定参考电压后，逻辑分析仪将被测信号通过比较器在 1 和 0 之间形成数字波形，利用 USB 接口将数据上传至计算机，配套专用的逻辑分析仪软件后可以快速完成大量波形数据的分析和显示。因此，在针对 MCU、ARM、FPGA、DSP 等数字系统的测量时，相比示波器，逻辑分析仪可以提供更佳的时序精确度、更强大的逻辑分析手段及更多的数据采集量。

图 5-3-15 逻辑分析仪的外形

举例来说，在一个数字电路中有一信号需要测量，如果使用 1MHz 采样率的逻辑分析仪进行采样，当参考电压设定为 1.5V 时，在逻辑分析仪上就会平均每 1μs 采取一个点与参考电压进行比较。当采样点电压超过 1.5V 时判断为逻辑 1，低于 1.5V 时判断为逻辑 0。所有点采集完后，逻辑 1 和逻辑 0 会产生一个连续波形，如图 5-3-16 所示，使用者可以从中找出时序间的相互关系和逻辑问题。

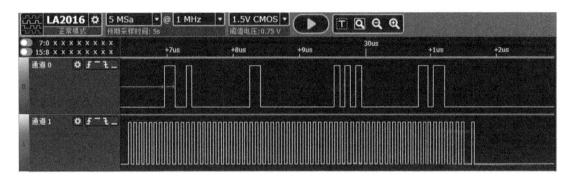

图 5-3-16　逻辑 1 和逻辑 0 的连续波形

2. 软件安装

Kingst LA2016 逻辑分析仪需要配套专用的逻辑分析仪软件来使用，可通过设备官网获取对应软件的安装包，在安装过程中，软件最新驱动程序会自行开始运行。打开软件，通过 USB 接口连接计算机和逻辑分析仪后，如图 5-3-17 所示，软件会提示已连接状态。

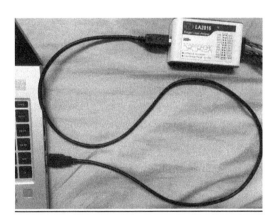

图 5-3-17　连接计算机与逻辑分析仪

3. 操作方法

1）通道连接

逻辑分析仪在测量信号时必须将接地端与被测系统接地端相连，以保证信号的完整性，如图 5-3-18 所示，其他通道可连接到被测信号的引脚上。逻辑分析仪一般有 8 个以上的通道，在采集信号时，可选择任意通道进行连接，软件上的通道

145

号与硬件设备上的通道号是一一对应的。如果被测信号数量较少，可以在软件上将不用的通道隐藏起来，这样可以更清楚地观察已测试信号的波形。

在测量高频信号时，需要注意的是，逻辑分析仪与被测系统要尽可能直接连接，最好能直接插到被测系统的插针上，避免接长引线出来，减少中间介质转换，从而尽量避免因信号衰减导致的测量错误。

另外，由于高频信号的电感效应较大，且信号电流最终是通过接地端通道回流到被测系统的。因此，很容易导致多个信号电流在接地端通道上叠加，造成逻辑分析仪与被测系统参考地之间的瞬时压差过大而产生"毛刺"现象。此时，可以将逻辑分析仪的多个接地端通道尽可能多地连接到被测系统的多个接地点上，通过多点接地的方法在很大程度上分流信号电流，从而达到消除"毛刺"现象的目的。

图 5-3-18　连接逻辑分析仪接地端与被测系统接地端相连

2）设置总线

逻辑分析仪有多个通道可以选择，在测量总线信号时，可以对相应的通道按类别命名。例如，接入 DATA 和 CLK 两个信号，首先将 DATA 信号与逻辑分析仪的CH0 通道连接，CLK 信号与 CH1 通道连接，逻辑分析仪的配置命名如图 5-3-19 所示。

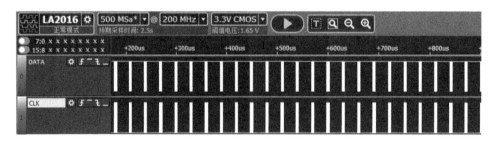

图 5-3-19　逻辑分析仪的配置命名

3）采样设置

采样深度即对被测信号一次采集的样点数，直接决定了一次采样所能采集到的数据量。显然，采样深度越大，一次采集的数据量越多。

采样率又称采样速率，即对被测信号进行采样的频率，也就是每秒所采集的样点数。它直接决定了一次采样结果的时间精度，采样率越高，时间精度越高。一次采样结果的时间精度就等于"1/采样率"，即一个采样周期。

一次采样过程所持续的时间等于"采样深度/采样率"，在进行采样之前，首先要对被测信号有一个大概的评估——最高频率是多少、需要采集多长时间等。然后由被测信号最高频率来选择采样率，原则是"采样率必须达到被测信号最高频率的5 倍以上，推荐 10 倍以上"，倍数越高，采样率越高。但采样率也不是越高越好，因为在同样的采样深度下，采样率越高，一次采样所能采集的时间越短，所以要综合考虑所需的采样时间，在同时满足二者最低需要的情况下留有适当的余量即可。

在逻辑分析仪软件 Kingst VIS 的工具栏上可以直接通过鼠标来选择对应的采样深度和采样率，选择完成后，软件会自动估算出采样时间，如图 5-3-20 所示。

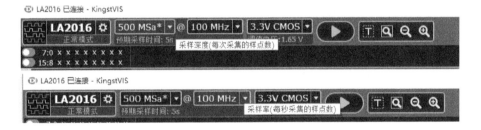

图 5-3-20　采样设置

4）触发条件设置

在使用逻辑分析仪实际测量信号时，被测信号可能是间隔出现的，测量人员并不知道开始点在什么时间段。这时候就可以设置触发条件，控制信号的采集、显示的开始和结束，从而更有效地利用存储空间并保证数据的完整性，如图 5-3-21 所示。

触发条件包括信号的跳边沿、高/低电平或二者的组合等。触发条件要根据被测信号的特点来设置。例如，在 UART 串口通信中，因为通信处于空闲状态，即没有通信数据传输的时候，信号线上是高电平，而每帧 UART 数据都是由空闲高电平到起始位低电平的变化开始的，所以应该把触发条件设定为该通道上的下降沿。

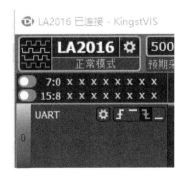

图 5-3-21　触发条件设置

5）通道选择与关闭

逻辑分析仪一般拥有 8 个以上的通道，而大多数被测信号只有几个通道，这时候只需使用其中几个通道进行采集。可以关闭未使用的通道，从而使软件界面更简洁、重点信号更突出。

单击设备控制栏右端的齿轮状按钮，弹出当前设备的设置窗口，在通道选择栏中快速启用或关闭对应的通道，如图 5-3-22 所示。

图 5-3-22　通道启用与关闭

6）波形采集与操作

基本设置完成后，单击软件界面上方工具栏中的"开始"按钮，即可启动一次新的采样。逻辑分析仪从启动（若设置了触发条件，则等到触发条件满足时）开始对被测信号进行采集，直到采集到所设置的样点数（采样深度）结束，上传数据到计算机，软件将波形还原出来，并进行后续的测量与数据分析。

在查看波形时一般会用到以下功能。

单击鼠标左键/向上滚动鼠标滚轮：放大波形。

单击鼠标右键/向下滚动鼠标滚轮：缩小波形。

按住鼠标左键并拖动：左右移动波形。

单击通道左端按钮：跳转到当前通道信号的上一个边沿。

单击通道右端按钮：跳转到当前通道信号的下一个边沿。

7）波形测量

从逻辑分析仪上采集到的波形，可以通过软件进行测量和分析。单击测量窗口的齿轮状按钮，可以选择和列出需要测量的项目，如图 5-3-23 所示。

脉宽：显示鼠标指针当前所在位置脉冲（简称当前脉冲）的宽度。

周期：当前脉冲与下一个脉冲组成的完整周期。

占空比：当前脉冲与下一个脉冲组成的完整周期内高电平时间的占比。

频率：周期的倒数。

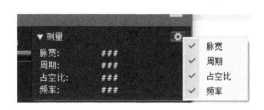

图 5-3-23　测量项目选择

选定需要测量的项目后，将鼠标指针移动到波形显示窗口内，此时测量窗口内将显示鼠标指针当前位置相关参数的测量结果，如图 5-3-24 所示。

图 5-3-24　测量结果

逻辑分析仪也支持添加时间标尺来测量一段波形的任意一段时间的起始位置和结束位置的波形。首先单击时间标尺的"+"按钮来增加一栏标尺，然后单击 A1 或 A2 标尺，绿色的时间标尺线会跟随鼠标指针移动，移动到所需位置后再次单击，即可放置该时间标尺。右击选中的时间标尺即可关闭相应标尺，如图 5-3-25 所示。标尺放置好后，时间标尺栏会显示相关结果，同时可以测量出该时间段内相应通道的脉冲数量。

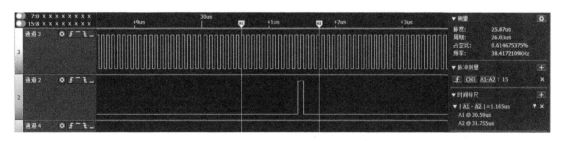

图 5-3-25　添加时间标尺

8）解析器使用

当被测信号属于标准协议，如 UART、I2C、SPI 等 Kingst VIS 支持的协议时，软件除了可以显示波形和一些测量数据，还可以直接按照标准协议的时序规范，将被测信号解析成具体的数据，并以十六进制、十进制、二进制或 ASCII 码的形式显示在波形显示窗口上。

单击软件界面右侧解析器的"+"按钮，软件会列出常用的协议，在"更多解析器"选项中会列出其他所有支持的协议，如图 5-3-26 所示。

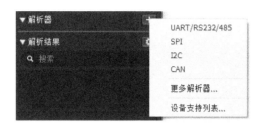

图 5-3-26　解析器使用

例如，使用逻辑分析仪的通道 0 和通道 1 测量出其中一个 I2C 信号，即可选择解析器中的 I2C 进行解析设置。在弹出的对话框中，设置"SDA"为"通道 0"，"SCL"为"通道 1"，单击"确认"按钮，完成后即可在通道框上看到对应命名，如图 5-3-27 所示。

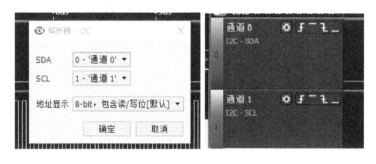

图 5-3-27　I2C 解析器设置

完成解析器设置后，软件便会按照标准的 I2C 协议对通道 0 和通道 1 进行解析，解析完成后，将在波形显示窗口的 I2C-SDA 通道上显示解析出的数据，如图 5-3-28 所示。同时，在右侧的"解析结果"窗口中显示解析数据，用户可以在此窗口内查找和快速定位某个数据。

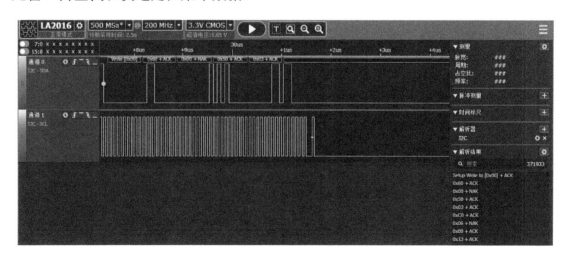

图 5-3-28　数据解析结果

9）保存/导出数据

保存分为保存设置和保存数据两种，如图 5-3-29 所示。

保存设置：用户可以把自己常用的几种设置单独保存为文件，需要时直接用软件打开加载即可，免去每次重新调整界面、添加协议等麻烦。数据后缀为 kset。

保存数据：当通过硬件设备采集到一次数据时，用户可以将本次采集到的全部数据连同此时的软件设置一同保存，以备日后查阅或比较等。数据后缀为 kdat。

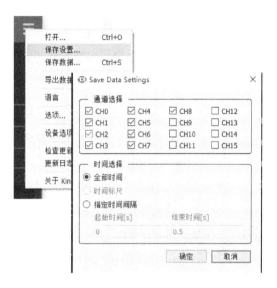

图 5-3-29　保存

导出数据分为导出采样数据和导出解析后的数据两种，如图 5-3-30 所示。

导出采样数据：可导出为 txt、csv、bin、kdat 格式文件。

导出解析后的数据：可导出为 txt、csc 格式文件。

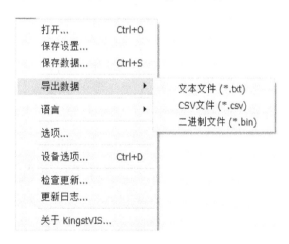

图 5-3-30　导出数据

4. 案例分享

有一显示屏控制系统的功能出现了问题，为了更好地分析原因，需要使用逻辑分析仪捕获其工作时序，其输出的控制信号有 DCLK、LAT、OE、DATA。要求将 4 个信号全部捕获，捕获时间不少 5s，并测出每帧时间内 DCLK 信号的上升沿个数。

步骤 1：连接并设置逻辑分析仪

由于本次捕获的信号较多且都为高速信号，因此为了得到稳定可靠的时序，采用多点接地的方法进行测量。

首先将逻辑分析仪的 2 个 GND 通道连到被测系统的 2 个接地点上，然后将逻辑分析仪的 CH0~CH3 通道分别连接到对应的 DCLK、LAT、OE 及 DATA 信号上。连接完成后打开 Kingst VIS，通过 USB 接口连接逻辑分析仪，打开软件的通道选择进行设置，勾选需要用到的 CH0~CH3 通道复选框，最后将对应的通道按照一一对应的关系重命名，完成后如图 5-3-31 所示。

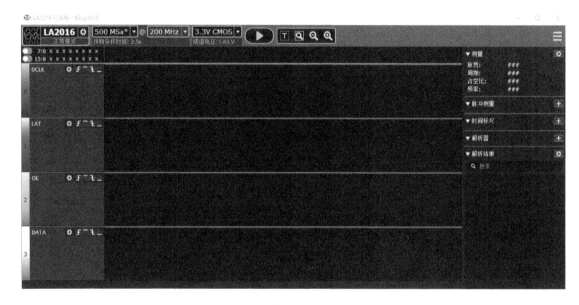

图 5-3-31　连接并设置逻辑分析仪

步骤 2：波形测量

由于显示屏控制系统中的高速信号频率较高（如 DCLK 信号频率可以达到 15MHz 以上），同时考虑到逻辑分析仪的采样率最好设置为被测信号最高频率的 5 倍以上，因此采样率应设置为 100MHz。另外，捕获时间超过 5s，故采样深度至少设置为 1GS/s，此时软件提升出预期采样时间为 10s，满足需求。单击"启动采样"按钮，即可通过逻辑分析仪获取 4 个信号时序并在软件上显示，如图 5-3-32 所示。

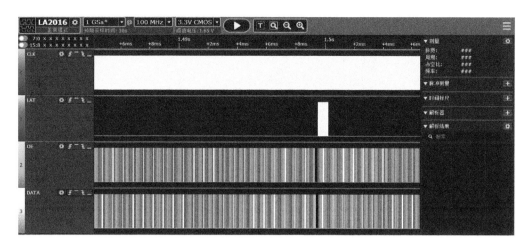

图 5-3-32　波形测量

步骤 3：测量每帧 DCLK 信号的上升沿个数

在显示屏控制系统中，每帧时间大概为 16.67ms（默认按 60Hz 计算），每帧之间存在时间差，如图 5-3-33 所示。

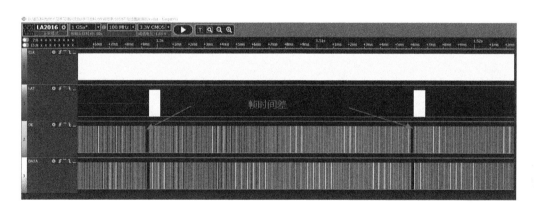

图 5-3-33　帧时间差

从图 5-3-33 中可以知道，每帧时间就是从上一帧的结束到下一帧的开始，使用时间标尺测量此段时间，约为 16.67ms，因此得到标定每帧时间的时序，如图 5-3-34 所示。

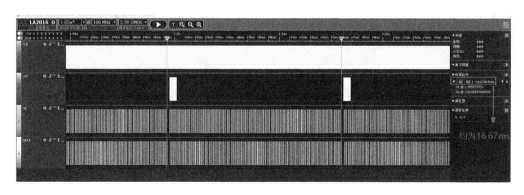

图 5-3-34　标定每帧时间的时序

153

在脉冲测量窗口中选择 CH0 通道，|A1-A2|即可实时得到在每帧时间内 DCLK 信号的上升沿个数为 99184 个，如图 5-3-35 所示。

图 5-3-35　DCLK 信号的上升沿个数

5.3.3　万用表

1. 产品介绍

万用表是一种多功能、多量程的电路测量仪器，可以用于测量交/直流电压、交/直流电流、电阻、电容、二极管极性、线路通断，部分数字万用表还可以测量温度等。万用表及表笔如图 5-3-36 所示。

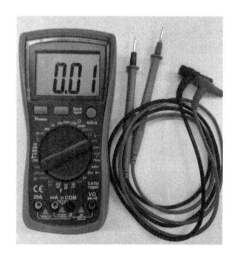

图 5-3-36　万用表及表笔

1）表盘介绍

万用表表盘由以下几部分组成，如图 5-3-37 所示。

液晶：显示万用表的测量结果，测量的数值长度最大是 4，支持正数、负数、小数显示。

电源：万用表开关。

背光：液晶背光按钮。

HOLD：保留当前的测量数据，按下后液晶上的数值锁定，同时表笔失灵，方便使用者记录数据。

旋钮挡位：根据被测信号选择正确挡位，图 5-3-37 中的挡位有交/直流电压、交/直流电流、二极管和蜂鸣挡、电容挡、电阻挡。

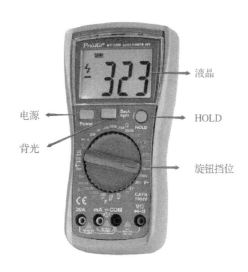

图 5-3-37　万用表表盘

2）选择挡位时的注意事项

（1）被测物理量范围不确定时，可采用先大后小的方法，即先旋至大量程，再逐个降挡，最终选取合适的挡位进行测量。

（2）交流挡和直流挡不能混淆，不能用直流挡测量交流，也不能用交流挡测量直流。

（3）在测量电阻和电容时，需要将电阻和电容拆下来才能准确测量到数值，因为 PCB 上会有其他电阻和电容或元器件与被测对象连接在一起，导致测量的数值不准确。

（4）采用蜂鸣挡测量通断时，PCB 必须断电。

2. 表笔介绍

1）表笔插孔介绍

表笔插孔上的内容介绍如下，如图 5-3-38 所示。

20A：电流测量，当测量交/直流电流，且电流较大时，将红表笔插入这个插孔。

mA：电流测量，当测量交/直流电流，且电流较小时，最大电流为 200mA；当测量电容和温度时，将红表笔插入这个插孔。

VΩ：当测量交/直流电压、电阻、二极管时，电路通断，红表笔插入这个插孔。

COM：黑表笔插入这个插孔。

图 5-3-38　表笔插孔

2）测量直流电压

在图 5-3-39 中，2 支表笔并联接入电路，红表笔抵住 VCC，黑表笔抵住 GND。2 支表笔反向不会出现问题，只是万用表显示数值为负数。

图 5-3-39　测量直流电压

3）测量交流电压

测量交流电压时，建议先把挡位旋至 750V，因为国内的交流电压为 220～380V，表笔不区分正负极，2 支表笔并联接入电路，1 支接 L/火线，1 支接 N/零线，如图 5-3-40 所示。地线和零线之间没有电压，火线和地线之间的电压基本等于火线和零线之间的电压。

图 5-3-40　测量交流电压

4）测量电流

测量电流时需要将万用表串联在电路的供电主线里面，如图 5-3-41 所示。

（1）先将万用表的红表笔插入 20A 插孔，黑表笔插入 COM 插孔；将挡位旋至直流电流 20A 挡，若测量交流电流，则将挡位旋至交流电流挡；红表笔抵住电源的 V+输出，黑表笔抵住负载 PCB 的 5V 输入。

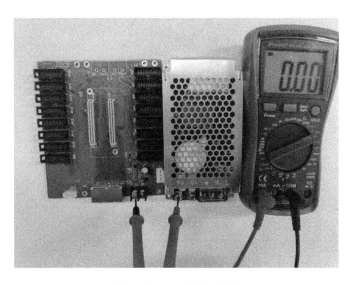

图 5-3-41　测量电流

（2）电流从电源的 VCC 输出，先经过红表笔输入万用表，再从万用表的 COM 输出到 PCB 的 5V 供电端子。

（3）测量交流电流时也是将表笔串联在负载的火线供电线上，但是不建议用万用表测量交流电流，因为电流较大，比较危险，使用钳流表会更安全一些。

5）测量电流时的注意事项

（1）电流不能太大，因为电流太大会烧坏万用表，而且比较危险。

（2）不可长时间测量大电流，因为表笔的导线会发热，可能导致导线融化。

（3）测量电流时一定要保证负载的电流都是从万用表流向负载的，要断开除万用表外的其他供电线和供电端子，否则测量出来的数值会偏小许多。

6）测量电阻

将挡位旋至合适的电阻挡，将电阻从 PCB 上取下，2 支表笔分别抵住电阻的两端，不区分正负极和方向，测得的数值就是电阻的阻值。

7）测量电容

将挡位旋至合适的电容挡，红表笔插入 20mA 插孔，将电容从 PCB 上取下，电容两端接地进行放电，2 支表笔分别抵住电容的两端，部分电容是区分正负极的，正极需要接红表笔，负极需要接黑表笔，测得的数值就是电容的容值。

8）蜂鸣挡测通断

将挡位旋至蜂鸣挡，红表笔插入 VΩ 插孔，黑表笔插入 COM 插孔。如果红表笔和黑表笔之间的阻值较小，一般小于十几欧姆，万用表就会发出蜂鸣声，可用来测量信号线的通断；蜂鸣挡测通断，表笔不区分正负极。

如果 PCB 上的元器件 A 的 pin1 引脚和元器件 B 的 pin2 引脚是连接在一起的，那么当 2 支表笔分别抵住 pin1 和 pin2 引脚时，万用表就会发出声音。若不发声，则说明引脚之间的连线断开了。

9）二极管/蜂鸣挡测量二极管方向和好坏

将挡位旋至蜂鸣挡，红表笔插入 VΩ 插孔，黑表笔插入 COM 插孔。

（1）测量好坏：若 2 支表笔抵住二极管两端发出蜂鸣声，则说明二极管被击穿；交换表笔测量，若两次测量的数值是相同的，则说明二极管已损坏。

（2）测量二极管正负极：用 2 支表笔抵住二极管两端，交换表笔再测量一次，测量的数值为零点几的那次，红表笔抵住的是二极管正极；若用红表笔抵住二极管负极，黑表笔抵住二极管正极，则测量的数值为 1。同时，当显示数值为 1 时，可能是超量程的情况。

3. 维护与检查

1）更换电池

万用表的电池盖一般在背面，将背面的螺丝拧下来，拆下后盖，会露出电池仓，如图 5-3-42 所示，电池为 9V，电池的圆形端子为正极，五边形端子为负极。

同时，为保证万用表的使用寿命，每次使用完成后，请关闭电源存放。

图 5-3-42　万用表电池仓

2）更换熔断器

万用表内部是有熔断器的，用于保护万用表。若出现电流过大的情况，则熔断器会直接熔断，这时需要拆开万用表的后盖更换熔断器。

在图 5-3-43 中，红色箭头指向的玻璃管就是熔断器，部分万用表有熔断器仓，不需要拆开后盖，只需将熔断器仓盖打开。

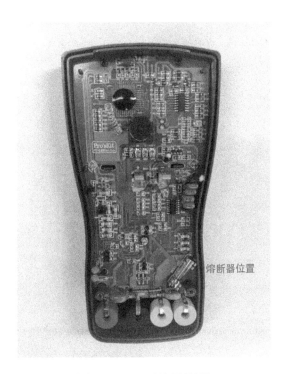

图 5-3-43　更换熔断器

4. 案例分享

1）案例一

某 LED 厂家生产了一块 PCB，将其寄给诺瓦星云的工程师进行分析，但是未提供原理图和 PCB 走线图，请问如何确定 PCB 上的走线和元器件之间的连接情况？

问题解决过程：用万用表的蜂鸣挡测试，将红表笔抵住某元器件的引脚，黑表笔在 PCB 上的一些相邻元器件引脚上滑动，当滑动到某一引脚时，万用表发出蜂鸣声，此时红黑表笔抵住的两个引脚是连通的。通过此方法可以得到 PCB 上的走线和元器件之间的连接情况。

2）案例二

某 LED 厂家的模组上有一个单片机，但是用单片机烧录工具烧录单片机 BOOT 程序失败，经过各种排查确定工装的设置和接线都是正常的，诺瓦星云的工程师前往工厂协助解决。

问题解决过程：用万用表的蜂鸣挡测试单片机烧录模块电路的连线和连通情况，确定连接是正常的；用万用表的电压挡测量单片机的供电引脚电压，发现用单片机烧录工具直接烧录的时候，单片机的供电只有 1.2V，远远低于要求的 3.3V；最终确定是因为模组的 PCB 设计存在问题，工装给模组的 3.3V 除了给单片机供电，还驱动了其他芯片，但是工装的驱动能力太低，导致单片机达不到启动电压，所以一直烧录失败。

5.3.4 网络寻线测试仪

1. 产品介绍

网络寻线测试仪，简称寻线仪。其主要功能有以下两点，一是寻线功能，可以在众多线缆中快速找出需要的目标线，如网络线寻线、电话线寻线、电缆线寻线、通断检测等；二是对线功能，可以校对网线线序，也可以测试网线通断。

寻线仪一般分为左右独立的两个部件。其中，左侧部件是发射器，它是一个信号振荡发生器，用于发生信号，右侧部件是接收器。寻线仪的外形如图 5-3-44 所示。

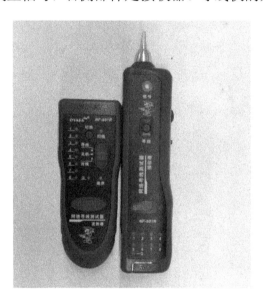

图 5-3-44　寻线仪的外形

寻线仪的工作原理是，将网线的一端插入发射器，发射器发出的声音信号传输给网线。网线回路周围会产生一环绕的声音信号场，用高灵敏度感应式寻线仪在网线回路沿途和另一端可以识别到声音信号场，从而发出声音。这样就能在众多网线中找出目标网线。

2. 产品使用

1）寻线功能

寻线使用说明图如图 5-3-45 所示，步骤如下。

（1）将发射器旋至寻线挡位，将网线的一端插入发射器。

（2）打开接收器的电源开关，按住寻线仪的寻线按钮，当接收器的金属头靠近网线时，会发出报警声。

（3）可以用此功能在众多网线中找出正确的网线，厘清线序。

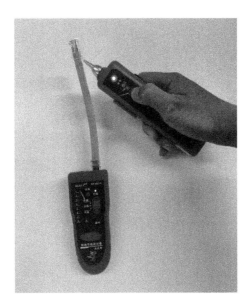

图 5-3-45　寻线使用说明图

2）对线功能

对线使用说明图如图 5-3-46 所示，步骤如下。

（1）将发射器旋至对线挡位，将网线的一端插入发射器。

（2）打开接收器的电源开关，将网线的另一端插入接收器。

（3）观察发射器与接收器的 1～8 指示灯。若网线无问题，则发射器和接收器的 1～8 指示灯应该按顺序逐个亮起来，并且发射器和接收器的指示灯是同步亮的，亮的指示灯序号也一样。

图 5-3-46　对线使用说明图

3）异常情况

（1）当接收器的某个指示灯不亮时，说明网线中的某根信号线断开。

（2）当接收器的 2 个指示灯同时亮起时，说明网线中的 2 根信号线短路。

（3）当接收器的指示灯亮的序号和发射器的指示灯亮的序号不一致时，说明网线的线序混乱，2 个水晶头的线序不一致。

3. 案例分享

1）案例一

在某 LED 显示屏活动现场，由于现场工作人员赶时间，布置网线时没有给每根网线标记好序号，导致在设置显示屏连接图时，难以在现场几十根网线中找到正确的用来连接计算机和控制器的网线。

问题解决过程：首先在计算机端的几十根网线中任选一根网线，把计算机端的水晶头插在发射器上。然后用接收器的金属头靠近控制器几十根网线的水晶头，找到让接收器发出报警声的网线的水晶头。把这根网线插在控制器的网口上，计算机和控制器通过这根网线建立连接，故障排除。最后用此方法将几十根网线两端的水晶头的对应关系厘清，并且用标签纸在网线两端的水晶头上标记序号。

2）案例二

在某 LED 显示屏的校正现场，用一根网线连接了控制计算机和校正计算机。但是这两台计算机并未检查到本地连接，怀疑是网线问题，现场只有这一根新压好的网线。

问题解决过程：将网线两端的水晶头插在接收器和发射器上，使用对线功能，发现发射器指示灯 3 亮的时候，接收器指示灯 4 亮了。原因是一个水晶头的线序反了，将水晶头剪断，重新压水晶头，问题解决。

第 *6* 章

面向未来的控制
系统 COEX

6.1 LED 显示屏行业的发展机遇和挑战

1. 市场发展趋势

随着 LED 显示屏生产制造技术的不断革新和产品应用场景的持续丰富，人们对 LED 显示屏在画质、尺寸、效果、工艺、外观等方面提出了更加精致甚至严苛的要求。同时，小间距如 COB 生产制造工艺的不断成熟，推动整个行业不断发展进步。基于此，各类尺寸超大、分辨率超高的 LED 显示屏层出不穷，而 LED 显示屏行业的主流应用场景也逐步由商业显示向民用显示推移，LED 显示屏的潜在市场规模不断扩大。

近年来，随着 LED 显示屏潜在市场规模的不断扩大，SONY、SUMSANG、BOE、TCL、华星等传统显示屏领域的制造商逐步进入 LED 直显这一面向未来的市场。与之相对应，LED 显示屏潜在市场规模的不断扩大、技术的不断提升使 LED 显示屏控制系统的技术需求发生了巨大变化。例如，全新的 LED 显示屏产品形态如 COB、COG 相较传统的 SMD 而言，对控制系统的色彩精度、亮度梯度等有更高的要求。而一旦实现了技术突破，LED 显示屏将在不同领域、不同场景和传统的 LCD、OLED 等显示媒介同台竞技。届时，LED 显示屏控制系统将在专业化显示中担任更加重要的角色。

除了制作工艺等自身技术层面的不断变化，LED 显示屏也在持续影响周边行业的技术进步。例如，数字资产、摄像追踪、媒体融合等技术的发展进步需要紧密依托 LED 显示屏持续的技术革新。

以 XR（Extended Reality，扩展现实）虚拟拍摄为例。所谓 XR，通常是指通过计算机技术和可穿戴设备产生的一个现实与虚拟组合、可人机交互的环境，是 AR（增强现实）、VR（虚拟现实）、MR（混合现实）等多种形式的统称。通过视觉交互技术的融合，实现虚拟世界与现实世界无缝转换的"沉浸感"体验。由于 LED 显示屏具备自发光的特有属性，能够有效解决传统绿幕拍摄存在的各类缺陷。因此，在实际应用中，LED 显示屏可以作为显示背景，为演员提供拍摄现场所需的各类环境参照，使其顺利完成拍摄。在实际应用中，LED 显示屏控制系统配合多媒体服务器和实时渲染引擎工作，能够有效缩短制作周期、降低制作成本、提升出片效率，使 LED 显示屏 XR 虚拟拍摄成为众多影视制作人和导演青睐的探索方向。

2. 新的技术发展——COEX 控制系统

如上所述，LED 显示屏现今已经进入大市场、高技术、快发展的赛道，与之相对应，LED 显示屏控制系统需要迎合市场发展做出更大的创新，从硬件和软件上做出针对性调整。基于此，诺瓦星云推出了行业内面向未来 LED 显示屏技术发展的全新控制系统——COEX 控制系统。

COEX 控制系统从传统控制系统应用过程中的难点出发，提出了针对性的分析和解决方法，主要涵盖如下 5 个方面。

（1）大屏（超 8K 分辨率）系统简化。

（2）全新画质提升技术。

（3）进阶屏上色彩调节功能。

（4）更人性化的软件交互：VMP。

（5）COEX 双思路解决方案：1G（MX 系列）和 5G（CX 系列）。

在 LED 显示屏目前的应用场景下，4K 分辨率依然是行业主流。但是由于目前市场上产品方案的技术限制，在实际应用过程中，无论是前期搭建调试，还是后期运行维护，LED 显示屏控制系统都存在诸多不便。因此，行业急需对控制系统做出突破变革。

随着 LED 显示屏点间距的不断下降，分辨率的不断提升同样是整个行业持续发展的一个核心动力。例如，央视 8K 超高清频道的试验开播、北京冬奥会超大地砖屏的使用，持续推动 LED 显示屏朝着大分辨率发展。

基于现阶段控制系统的主要需求，COEX 控制系统将区分重点，逐项解决现有难点。为此，COEX 控制系统分为两大类：1G（MX 系列）和 5G（CX 系列）。二者均基于全新的软件操作平台 VMP 打造，以不同侧重方向为 LED 显示屏行业提供更强的技术支撑。

6.2　COEX 1G 4K 方案介绍

6.2.1　COEX 1G 4K 技术

长期以来，行业内控制系统各大厂家致力于提升屏体的显示效果，也确实突破了诸多关键性技术。但在后期使用过程中，LED 显示屏调试工作的操作性和便捷性并未被充分考虑，忽视了操作人员在调试工作流程中的体验和感受，而这正是传统控制系统解决方案中稍有缺憾的一部分。所以在全新 COEX 控制系统中，除了对显示屏画质做出突破提升，还要回归到"人"作为操控者的主体身份。通过提升软件的交互逻辑，改善操作人员在调试工作流程中的不良体验。

在 COEX 1G 4K 方案中，核心产品是 MX40 Pro + A10s Pro。其中，MX40 Pro 是控制器中的典型代表（见图 6-2-1 和图 6-2-2），而 A10s Pro 则是接收卡中的典型代表。在这套 4K 方案中，拥有很多高画质算法技术的加持，同时根据显示屏实际应用场景中的操作需求，对 LED 显示屏的工作流程做了标准化的设计。在一定程度上实现了高画质与极致应用体验的并存。

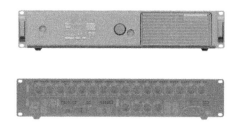

图 6-2-1　MX40 Pro 控制器

图 6-2-2　MX40 Pro 技术方案

6.2.2　画质引擎

在 LED 显示屏行业中，画质始终是最核心的技术需求之一。面对提升画质、优化观看体验的核心需求，行业内各大厂家均尝试了不同程度的技术突破。直到诺瓦星云推出了 COEX 控制系统，其具备的画质引擎技术才真正满足了行业内对画质技术的极致追求。

在传统的 LED 显示屏解决方案中，行业内对画质的要求并不高。主要是因为此前行业内主流 LED 显示屏的点间距比较大，追求极限画质对于 LED 显示屏整体的显示效果影响有限。但是随着各大厂家技术的不断革新，LED 显示屏的点间距不断下降。LED 显示屏已然从商用显示走向民用显示，主要使用场景开始从室外走向室内，LED 显示屏的画质亟待提高。

画质引擎技术主要包括 22 bit+、精细灰度、色彩管理 3 个功能性技术方案，从不同维度提升 LED 显示屏画质的显示效果。

1．22 bit+

22bit+是诺瓦星云研发的一种结合了人眼视觉特性的灰度编码技术，该技术结合人眼特性与新的灰度编码设计，使得 LED 显示屏可以获得 64 倍提升显示灰阶，有效处理低亮时灰度丢失问题，使图像显示更细腻。

2．精细灰度

精细灰度是指通过对驱动 IC 的 65536 级灰阶（16bit）进行校准，优化显示屏的低灰跳变、反跳、偏色、麻点等问题。同时，更好地辅助 22bit+、RGB 独立 Gamma 调节等显示技术，使显示屏画面更加均匀和细腻。通过逐级灰度精准检测，让灰度实现更加准确。

3．色彩管理

色彩管理可以实现对显示屏色彩的有效控制，运用画质算法逻辑，以及软硬件结合的方法，自动统一管理和调整 LED 显示色彩，以保证图像同一色域的显示效果，呈现色彩的一致性与准确性。色彩管理可将 LED 显示屏的色域与标准显示色域的相交部分进行精准管理，保证画面呈现色彩的一致性，解决画面偏色的问题。

▶ 6.2.3　动态引擎

在目前行业内主流的技术方案中，LED 显示屏最终的显示效果一般会受到多重因素的影响。此前介绍的画质引擎技术可以在一定程度上解决显示屏显示效果不佳的问题，但是对 LED 显示屏而言，视频源格式同样大幅度影响显示屏最终的显示效果。

现阶段，HDR 标准的视频源已经成为行业视频源的主流需求，但是目前市场上大部分视频源依然是 SDR 标准。因此，行业内视频源的制作水平已然成为影响显示屏显示效果进步的重要因素。如何兼顾与平衡 SDR 标准和 HDR 标准，成为下一个画质技术上的突破点。

基于此，动态引擎技术应运而生，其效果如图 6-2-3 所示。动态引擎技术是一种基于对视频图像内容实时分析处理的动态算法，配合诺瓦星云的 A10s Pro 接收卡进行数据重映射，让 LED 显示屏显示的画面更加清澈通透，获得更高的对比度。同时让整个显示画面的细节更加清晰，如图 6-2-4 所示。通俗来讲，动态引擎技术的引入，可以让播放普通的 SDR 标准视频源，也能获得一种如 HDR 标准视频源的显示效果。

当然，对于动态引擎技术，在获得高画质的同时，实现了更多技术突破，提供了额外的价值收益。

（1）LED 显示屏功耗可以降低 20%～40%，动态引擎功耗测试数据如图 6-2-5 所示。

（2）可以在一定程度上延长 LED 显示屏的使用寿命。

（3）屏体温度降低，减少受温度影响导致的色差问题。

图 6-2-3　动态引擎效果

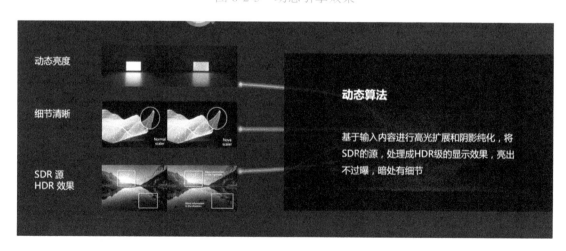

图 6-2-4　动态算法

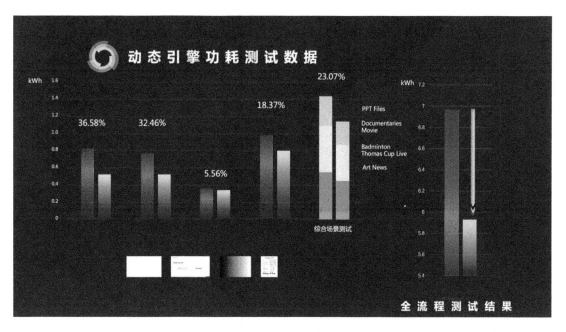

图 6-2-5　动态引擎功耗测试数据

▶ 6.2.4　全灰阶校正

经过此前的学习，我们已经了解到 LED 显示屏的一些基本特性。例如，任意一块 LED 显示屏，因为先天或后天原因，几乎都需要经过校正才能实现整体亮度、色度的均匀性，进而实现最佳的显示效果。而对于后来出现的 COB 等小间距 LED 显示屏，一套完整、有效的校正流程对于其显示效果的提升更为重要。

在传统的校正环节中，通常只会进行单层校正。但是对于小间距 LED 显示屏，经过单层校正后，高灰阶部分的亮色度一致性通常会得到非常好的改善。但是随着显示灰阶的不断降低，LED 显示屏整体的均匀性会越来越差。存在这个问题的根本原因是，小间距 LED 显示屏的 Mura（不均匀性）随灰阶变化呈非线性关系，不同的灰阶在 LED 显示屏上呈现出来的 Mura 不同。而传统的单层校正，由于所有的灰阶共用一个校正系数，用同样的校正系数去修正形态不一样的 Mura，无法保证 LED 显示屏在所有灰阶，尤其是中低灰阶的均匀性，从而导致 LED 显示屏在中低灰阶下，画面存在明显的色块、偏色和麻点等亮色度不一致的问题。

为解决以上问题，诺瓦星云提供了全灰阶校正技术。该技术针对不同灰阶下的 Mura 呈非线性关系的特点，对所有灰阶生成各自独有的校正系数，从而使得所有灰阶的均匀性都能得到大幅度提升，如图 6-2-6 所示。

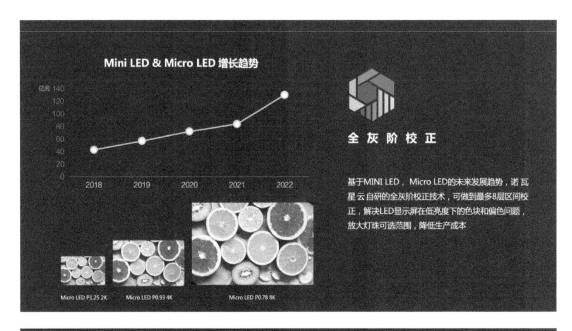

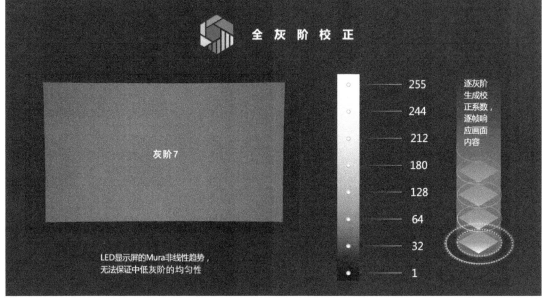

图 6-2-6　全灰阶校正技术

6.2.5　灵活色彩调节工具

1. 颜色替换

LED 显示屏承担着后端画面显示的功能，但在实际应用中，通常存在修改、替换前端视频源画面颜色的需求。此前，该需求通常以制作不同颜色视频源的方式实现，消耗巨大的时间及费用成本。为此，诺瓦星云提供了颜色替换功能，可以通过吸管、色盘颜色选取两种方式，快速替换控制器输出画面中的某两种颜色，以实现对画面中某种颜色的快速调整校准，如图 6-2-7 所示。

图 6-2-7　颜色替换（蓝色替换为紫色）

2. 14 路颜色调节

对于部分对颜色准度、精度要求较高的用户，简单的颜色替换功能无法满足其全部需求。为此，诺瓦星云提供了 14 路颜色调节功能。14 路颜色调节可以对控制器输出画面的色彩进行更加精细、快捷的调节。所谓 14 路颜色，主要包括 12 路基础颜色（见图 6-2-8）和黑白两色。12 路基础颜色即原色红、绿、蓝；间色青、紫（品）、黄；三级色橙、黄绿、青绿、天蓝、蓝紫、紫红。

12 路基础颜色可以通过调节色相、饱和度、明度的方式，对画面显示效果进行精细调控，黑白两色则通过调节 R、G、B 的分量值，对画面显示效果进行明暗把控，如图 6-2-9 所示。

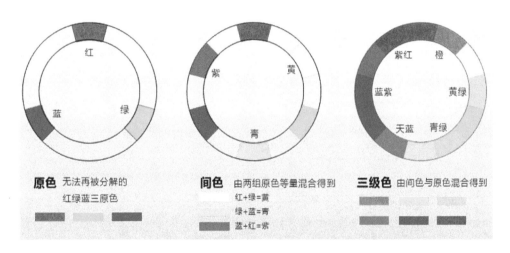

图 6-2-8　12 路基础颜色

图 6-2-9　14 路颜色调节效果

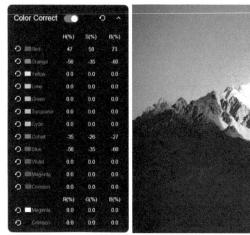

图 6-2-9　14 路颜色调节效果（续）

3. 曲线调色

所谓颜色曲线，即用来调整图像颜色的曲线。曲线的横轴为原始色阶，纵轴为输出色阶，一般分为白曲线和 R、G、B 曲线 4 条。曲线上的点是可以拖动的锚点，通过拖动锚点调整曲线，锚点之间通常为一条平滑过渡的曲线。当曲线是一条对角线时，对颜色不做处理；当曲线高于对角线时，颜色调亮；当曲线低于对角线时，颜色调暗。

颜色曲线可以调整画面低灰、中调、高亮等全灰阶画面的亮度。画面低灰偏暗时，通过拉高曲线左半部分，可以提亮低灰部分；画面高亮部分过亮时，压低曲线可以降低高亮部分的亮度。调整高亮低灰部分可以调整画面的对比度，独立调整颜色通道可以改变画面的色调。最终，调整曲线使 LED 显示屏的画面整体观感更加和谐。曲线调色效果如图 6-2-10 所示。

（a）曲线调节前

图 6-2-10　曲线调色效果

（b）　曲线调节后

图 6-2-10　曲线调色效果（续）

4. 3D LUT

在电影行业中，通常使用 3D LUT（Look Up Table，查找表）将一个色彩空间映射到另一个色彩空间，用于对成片效果进行修正和调整，其效果如图 6-2-11 所示。3D LUT 也常用于计算监视器或数字投影仪的预览颜色，以了解如何在另一个显示设备上再现图像。

3D LUT 是输出 RGB 颜色值的 3D 格子，可以通过输入 RGB 颜色值的集合进行索引。格子的每个轴代表 3 个输入颜色分量之一，因此输入颜色定义了格子内的一个点。由于该点可能不在晶格点上，因此必须对晶格值进行插值。3D LUT 作为数字处理中间过程的一部分，在电影制作链中得到了广泛应用。

图 6-2-11　3D LUT 效果

简单来说，可以把 LUT 视为某种函数，输入每个像素的色彩信息后，经过 LUT 的重新定位，就可以输出一个新的颜色值，以呈现出不同的颜色。从某种程度上来说和一些图片处理软件的滤镜有些相似，这是 LUT 概念上的理解。3D LUT 是在电影和 LED 显示屏行业里广泛使用的技术，在电影行业中，基于 LED 显示屏的虚拟制作，逐渐成为影视制作的一种全新的探索方式。LED 显示屏经常需要在不同色彩空间之间做映射转换，以实时获取不同的拍摄背景效果。而 3D LUT 的一个功能就是被用来做色彩空间映射，如图 6-2-12 所示。

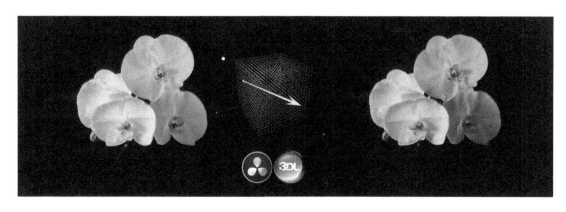

图 6-2-12　色彩空间映射

在 LED 显示屏控制器中加入 3D LUT 技术，LED 显示屏控制器可以直接作用于 LED 显示屏的后期色彩管理。为 LED 显示屏虚拟制作的创作团队提供了更广阔的色彩创作空间和更灵活多用的途径。

6.3　COEX 5G 8K 方案介绍

▶ 6.3.1　COEX 5G 8K 技术

在之前的内容中已经介绍过，目前 LED 显示屏正朝着超高画质、超大分辨率的方向发展。面对越来越大的屏体尺寸、越来越小的点间距，控制系统如何有效带载更多的像素，成了行业内亟待解决的难题。

按照目前行业的发展趋势，8K 或超 8K 的 LED 显示屏越来越多，若采用目前行业中主流的 1G 控制系统带载，则会大幅度提升 LED 显示屏控制系统方案的复杂性，在后期使用过程中，方案的稳定性也很难保证。为此，控制系统必须进行技术革新，以全新的技术架构应对已然来临的 8K 超大屏时代。

为此，诺瓦星云在 COEX 控制系统中引入了 5G 8K 方案，其核心设备为控制器 CX80 Pro 和接收卡 CA50。其中，CX80 Pro 的外形如图 6-3-1 所示，作为 8K 级控制器在国内 LED 显示屏行业首发，和全新接收卡 CA50 配合，构成 5G 8K 方案的主体。二者采用 5G 带宽传输接口，CX80 Pro 最大输入可达到 8192×4320@60Hz，而单网口输出可达 1920×1080@60Hz，如图 6-3-2 所示。实现基于 5G 大带宽数据传输，8192×4320@60Hz 超大分辨率应用场景下的视频带载，简化了 8K 超高清、高位深带载情况下的系统方案链路，如图 6-3-3 所示。

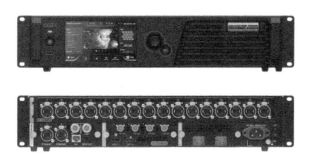

图 6-3-1　CX80 Pro 的外形

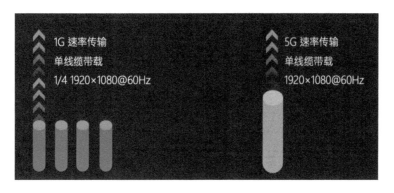

图 6-3-2　1G & 5G 速率传输对比

图 6-3-3　1G & 5G 带载方案对比

　　CX80 Pro 支持 8K 超高清视频源解码输出，上位机平台基于 VMP，同时搭配全新的画质技术，如全灰阶校正、动态引擎、画质引擎。除此之外，在 8K 控制系统中，还做出了一些有针对性的技术创新，如冷热屏校正、箱体库管理、HDR10/HDR Vivid。

1. 冷热屏校正

　　LED 显示屏在长时间运行后，屏体的温度会升高。由于 LED 显示屏使用的

LED 灯珠属于热敏感性器件，随着屏体温度的升高，LED 灯珠的光强会降低。而在红、绿、蓝 3 种颜色的灯珠中，又以红色灯珠的光强随着温度的升高损失最大，从而呈现出高温时 LED 显示屏整体偏青的现象。尤其是箱体或模组边沿，由于自身的散热效果更好，屏体在使用一段时间后，箱体或模组边沿出现偏红的现象，严重影响 LED 显示屏整体画面的均匀性。因此，若要确保 LED 显示屏在不同的温度条件下，整体的均匀性保持较好，需要根据温度对 LED 显示屏进行校正。

对于 LED 显示屏，其表面温度通常并不均匀。因为屏体温度通常由单个箱体发出，而箱体之间的温度规律通常是一致的。温度最高的区域集中在接收卡附近，并向周围递减。因此，要改善温度对 LED 显示屏整体画面均匀性的影响，可以从单个箱体的校正展开。

所谓冷热屏校正，即针对显示屏在冷热等不同温度状态下，分别进行校正，并提前生成冷热屏校正系数。在现场实际应用过程中，结合现场屏体在运行过程中因温度升高出现的偏色情况，可以选择打开冷热屏调节功能，用于解决因温度升高导致的 LED 显示屏部分区域偏色的问题。

2．箱体库管理

在 LED 显示屏调试过程中，通常涉及 LED 箱体配置文件的制作，相关内容已在《LED 显示屏应用（中级）》教材中做过详细介绍。LED 箱体配置文件的制作已经成为一名 FAE（现场应用）工程师的基本技能之一。但是对于 LED 显示屏厂家，不同型号的 LED 箱体需要导入完全不同的 LED 箱体配置文件，导致后期维护工作相对复杂、处理难度较大。

结合 LED 显示屏厂家所面临的问题，COEX 控制系统解决方案中创新性地设计了箱体库管理，可以将此前已经成功测试运行的 LED 箱体配置文件导入保存。在后期使用过程中，让系统和屏体自动识别匹配参数，从而进行屏体参数更新和维护。箱体库管理有效地提升了各 LED 显示屏厂家对于不同型号的参数数据库的管理，大幅度节省了管理成本。

3．HDR10/HDR Vivid

对于 8K 及超 8K 等超大型 LED 显示屏，其应用场景通常较为复杂，用户对其显示画质要求极高。而在此前的内容中，已经详细介绍了如精细灰度、色彩管理等 LED 显示屏控制系统解决方案对画质提升的技术。面对用户对 LED 显示屏画质的极致追求，行业内选择从视频源入手，以前端提供超高清视频源信号的方式在一定程度上实现 LED 显示屏画面的极致效果。

HDR 在 5G 8K 方案的画质效果中是核心技术要求。大分辨率配合高位深输入源，才能将 LED 显示屏的显示潜力发挥到极致。在 5G 8K 方案中，将以往笼统的 HDR 显示效果概念，做了针对性的技术研究，通过 HDR 的技术细节参数调整，实现了对 HDR 视频源在 LED 显示屏上更具有场景化的效果显示。

HDR 和 SDR 都是描述视频动态范围的标准。而 SDR 在行业内率先出现，是一种相对的亮度描述体系。成像设备在录制时，根据成像设备本身的能力，将光信号转换成电信号，电信号仅记录亮度的相对比值。与之相对应，HDR10 是 HDR 在近几年才兴起的一种标准。该标准要求必须使用 BT.2020 色域范围、10bit 位深，以及 SMPTE ST 2084（PQ）图像传输功能。

HDR10 和 SDR 最大的区别在于，HDR10 采用了 PQ 曲线，也就是绝对亮度体系。绝对亮度体系的最大特征是，摄像机和显示设备均遵循 PQ 曲线，摄像机录制时，按照 PQ 曲线，将拍摄对象转换成对应的电信号，显示设备显示时，1∶1 还原拍摄对象的亮度。

PQ 曲线在 HDR10 中，用于描述光/电和电/光转换关系的函数。PQ 曲线符合人眼的特征（低灰分辨能力高、高亮分辨能力低），每两个相邻的亮度变化正好比人眼能区分的能力稍大一些，以此最大限度地利用 10bit 或 12bit 的传输带宽。

而 HDR Vivid 是由中国超高清视频产业联盟（CUVA 联盟）自主开发并发布的 HDR 视频制作标准。HDR Vivid 的高光最大亮度约为传统 SDR 的 40 倍。目前，HDR Vivid 已正式进入商用阶段。

PQ 曲线和 HDR Vivid 在 8K LED 显示屏控制系统上的应用，将为 LED 显示屏在不同应用场景下的画质效果带来全新的视觉体验，如广电、影视制作、虚拟制作、高端的固定安装、小间距的显示应用等。根据实际的应用场景，调试出最适合的 HDR 显示效果。

6.3.2　VMP

在 LED 显示屏调试过程中，使用最多的渠道便是调试软件平台。在传统方案中，软件通常从实用工具的角度出发设计。当市场中出现全新的功能需求时，软件会结合实际情况增加对应功能、层层套叠。最终，调试软件的功能十分完备，但是系统杂乱无章，这也是整个行业内调试软件的一个通病。

调试软件的功能混乱非常不利于现场调试人员操作应用，在一定程度上增加了使用者的学习成本。尤其是当面对多屏的操作调试和监控管理时，整个方案将变得非常复杂和难以维护。为了改变用户对 LED 显示屏控制系统调试软件以往复杂难用、学习成本高的认知，适配 COEX 控制系统的全新软件操作平台——VMP（视觉管理平台）应运而生，如图 6-3-4 所示。

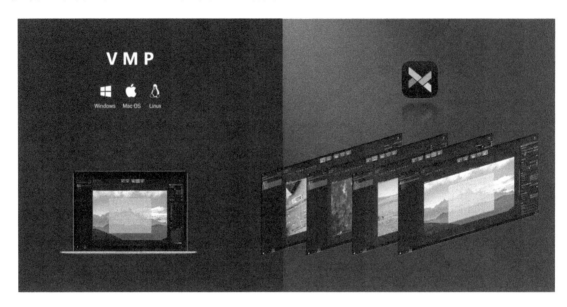

图 6-3-4　VMP

1. 工作流程

从大量应用现场的实践经验中，总结出了一套标准的工作流程，主要涉及 LED 显示屏从搭建调试到现场应用输出，再到后期维护的主要环节。对于这套工作流程，即 VMP 操作应用的核心使用步骤，其工作界面如图 6-3-5 所示。

图 6-3-5　VMP 的工作界面

1）侧边栏

VMP 的侧边栏中包括所有接入同一局域网的硬件设备。可以对所有设备逐一进行操作控制，也可以对其中同型号的设备进行成组管理设置。设备列表针对各设备可以支持名称自定义，根据实际需要做标识，以方便管理。

2）导航栏和属性栏

导航栏是 VMP 的核心操作板块，由输入源设置、显示屏配置、屏体修正、色彩调节、输出管理及预设板块组成。当选中某个具体的板块后，板块内的具体应用功能和操作参数在属性栏中展开。

（1）输入源设置：当硬件设备由 VMP 控制后，所有接入的硬件设备输入源即可在 VMP 下方的输入源预览区中显示，方便用户对硬件设备输入源进行实时监看。选中某路源后，在属性栏中查看源数据信息和设置一些基础输入参数，如视频格式、EDID 等，并对源的色彩参数，如黑电平、对比度、高光、阴影强度等根据需要做具体调整。而且，为了在某些无合适输入源场合下的系统应用，VMP 内置了各种丰富的内置源素材，以方便控制系统在无合适输入源的场合下，依然能开展调屏工作，如图 6-3-6 和图 6-3-7 所示。

图 6-3-6　输入源参数调节前

图 6-3-7　输入源参数调节后

（2）显示屏配置：根据实际工程方案设计，在显示屏配置界面，完成 LED 箱体的连线构建。选中箱体后，在属性栏中可以查看箱体的具体规格型号信息，方便对屏体信息进行管理，同时可以对网口进行备份设置。

（3）屏体修正：在屏体修正界面，可以对已经完成初步搭建和调试的显示屏做更加细致化的效果处理，如亮暗线调节、多批次模组修正。对显示屏的局部显示效果做更加精细的调节。

（4）色彩调节：显示屏调试工作更为高阶的操作要求。由于 LED 显示屏应用场景越来越多元化，针对显示屏上的色彩调节要求也越来越专业化。所以 VMP 上加入了颜色替换、14 路颜色调节、曲线调色、3D LUT 的专业颜色调节工具，以方便用户根据实际应用场景需求，设计出更切合实际需求的色彩处理效果。

（5）输出管理：当 LED 显示屏所有参数都设置好后，最后一步就是将显示内容和调校后的最佳效果准确无误地输入到显示屏上。在输出界面，可以对显示屏的基础输出参数，如显示屏的校正系数、画质参数、亮度、色温、Gamma、色域、输出位深等做具体调节和进一步管理。

（6）预设：考虑到现场用户对屏体管理和使用的便捷性，在 VMP 中设计了全局预设的板块，即用户可以针对当下显示屏的某些应用场景的不同效果参数做预设模板。在现场实际应用过程中，通过预设快捷键实时调取应用，简化现场操作的步骤。

2．监控

VMP 在调试和现场应用中做了精心探索，在 LED 显示屏后期维护的工作流程中也做了深入开发。在 VMP 主界面集成了监控板块。其中监控主要分为 2 个方向：关于 LED 显示屏控制系统的全链路运行状态的监控；对于 LED 显示屏上显示播放内容的实时预览监控。

1）显示监视

VMP 可以对播放内容进行预览和监控，在 VMP 主界面，可以将控制器的源显示内容实时预览和回显在主界面上，同时显示箱体的布局位置，如图 6-3-8 所示。让用户可以实时获知显示屏上的显示内容状态，便于对显示内容进行监控和管理。同时，在交付状态模式下，只暴露关键参数，让用户在参数保护范围内进行操作，防止误操作，保证显示屏上显示效果的安全。

图 6-3-8　软件回显预览

2）链路监控

VMP 可对显示屏链路运行状态进行监控，也可对控制系统的输入源链路通信状态进行监控告警。同时，可以对显示屏的设备温度、湿度、运行时长、健康状态等进行模组级的监控，还可以对设备电压等安全参数指标进行超标预警，如图 6-3-9 和图 6-3-10 所示。

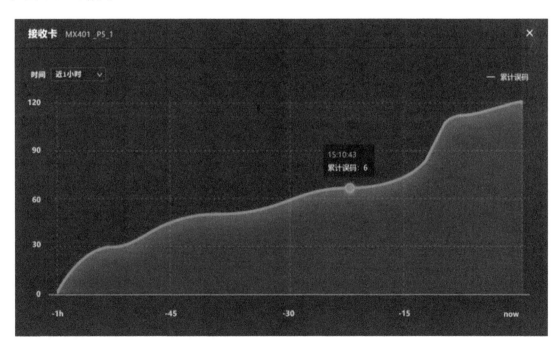

图 6-3-9　接收卡误码率

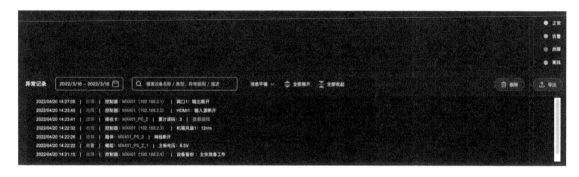

图 6-3-10　故障诊断记录

3）设备备份

VMP 在侧边栏中增加了设备备份机制，通过拖曳方式，快速、直接部署设备备份方案。保证显示屏控制系统的环路信号链路，双重保障显示安全，如图 6-3-11 所示。

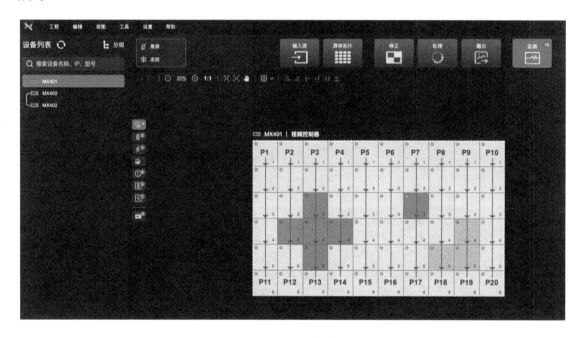

图 6-3-11　设备备份

4）故障溯源和应急处理

监控系统也可以对操作记录和运行状态分别导出日志，方便用户追踪操作方式，对问题进行溯源管理。监控界面同时支持对显示屏画面的应急控制，如一键黑屏或设置黑屏预存画面，作为显示屏无信号状态下的应急预设方案，如图 6-3-12 所示。

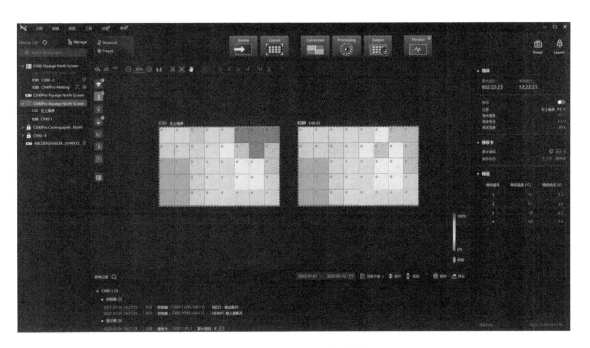

图 6-3-12　箱体温度告警

6.4　XR 虚拟拍摄解决方案

XR 是集 VR+AR+MR 于一体的技术集合，可在有限的空间内表现出无限的画面感，并在最终的显示介质上呈现出虚实结合的场景。虚拟拍摄是指在电影和电视剧拍摄过程中，不需要借助真实外景，就可表现出导演所需的任意画面。

在传统的电影和电视剧拍摄过程中，经常使用绿幕，但该技术存在以下问题：演员无法身临其境，非常考验演员的演技；后期制作成本太高，画面渲染通常按画面帧收费；费时，影响拍摄效率，若后期的某些镜头效果不如人意需要返工，则会拉长拍摄周期及增加成本。

随着软件实时引擎渲染能力及 LED 显示屏技术的不断提升，虚拟拍摄技术也有了快速发展。目前，很多摄影棚都用 LED 显示屏来代替绿幕进行拍摄，极大地减轻了后期处理的困扰，实现所见即所得。一些电影和综艺的拍摄现场均使用了该技术，如图 6-4-1 和表 6-4-1 所示。

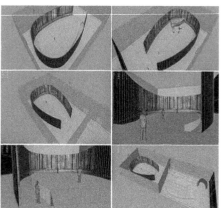

图 6-4-1　某电影的拍摄现场

表 6-4-1　XR 虚拟拍摄的基础设备要求列表

设备名称	设备功能
3D 媒体服务器	在 3D 平台上建立现场模型，可进行多种视频源信号的整合，包含视频源信号、摄像机追踪系统所提供的信号、实时渲染引擎传输的数据等，进行视频合成后输出，实现最终的 XR 效果； 常见品牌有 Disguise、Vizert、Rossdata、Hirender 等
摄像机	真实空间中的摄像机，一般带有 Genlock 接口； 常见品牌有 ARRI、Blackmagic、Sony、Panasonic 等
摄像机追踪系统	将真实拍摄中摄像机坐标的位置数据映射到 3D 建模平台，用于同步虚拟摄像机； 常见品牌有 Mosys、Stype、NCAM 等
实时渲染引擎	可根据 3D 平台上摄像机的运动位置来渲染视频内容，传输至 3D 媒体服务器后进行整合输出； 常见品牌有 Notch、Unreal Engine、Unity 3D 等
雷达定位追踪系统	实时渲染引擎中 AR 前景物体的追踪系统。例如，当演员手张开，需要燃起一堆火时，火的位置需要该系统定义； 常见品牌有 Blacktrax、Stage tracker、HTC-VIVE 等
LED 显示屏控制系统	用于调节 LED 显示屏的显示效果； 常见品牌有 Novastar、Brompton、Megapixel、Colorlight 等
LED 显示屏	显示介质，通常需要具有色域广、灯珠无色差、可视范围大、面罩遮光性强等特点； 常见品牌有雷迪奥、艾比森、洲明、视爵光旭、利亚德等

　　此外，以 2021 年春节联欢晚会的《莫吉托》表演为例。在该节目中，背景内容不断变化，从充满热带风情的小岛到高楼林立的街景，歌手一会儿坐在酒吧的座椅上，一会儿又坐在飞驰的汽车中，一会儿又与海滩的热气球进行互动，仿佛身处无限的空间，可以任意切换表演的场景。

　　完成这一表演的现场仅使用了几十平方米的 LED 显示屏，其中包括两块侧屏、一块地面屏，歌手站在地面屏中央进行表演，配合前端丰富的信号处理设备及对应的摄像机，实现了最终的表演效果。XR 虚拟拍摄现场如图 6-4-2 所示。

图 6-4-2　XR 虚拟拍摄现场

XR 的工作流程如图 6-4-3 所示。其中，媒体服务器（Media Server）可在虚拟空间中进行建模，在软件平台上模拟出真实 LED 显示屏的尺寸及分辨率，该设备会先输入摄像机、摄像机空间数据、雷达数据，然后进行现实和虚拟的位置标定，进行空间校准、色彩校准及同步校准操作。视频渲染引擎（Video Render Engine）进行实时视频内容处理并叠加虚拟素材，传输至媒体服务器后，媒体服务器会以特殊的映射方式，合成 XR 效果，通过常规的 HDMI 或 DP 信号传输给 LED 显示屏控制系统，最终实现 LED 显示屏画面的显示效果。

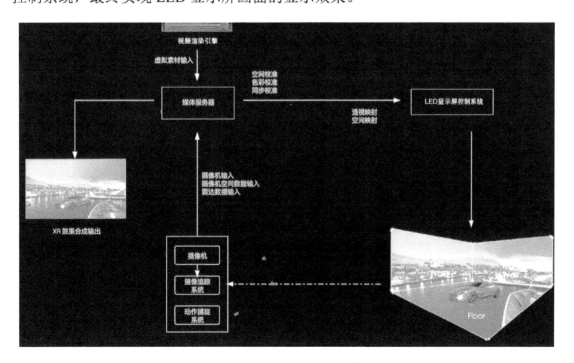

图 6-4-3　XR 的工作流程

由图 6-4-3 可知，LED 显示屏控制系统作为链路中的重要一环，发挥着关键作用。而 COEX 控制系统的诸多功能，在 XR 虚拟拍摄中也应用颇多。

（1）画质引擎：可显著提高显示屏的灰度等级、优化灰度显示，并方便现场屏体进行色域管理。

（2）动态引擎：当现场使用 SDR 时，可获得 HDR 维度的效果提升，包括更高的对比度，并且降低显示屏功耗，提高屏体使用寿命。

（3）颜色曲线：可以实现对 RGBW 四种颜色的 0～255 级亮度输出进行快速调节，调整 LED 显示屏画面的显示效果。

（4）黑电平：可以对视频输入源的暗部细节进行加深和淡化处理，调节区间可以达到 0%～200%。

（5）插帧：插入同一场景不同角度下的背景素材，可同时输出多个不同视角的拍摄画面，也可插入纯绿色背景素材，以方便后期制作和调整，从而大幅度提升拍摄效率，降低拍摄成本。

（6）倍频：支持最大 240Hz 超高帧频，使显示屏画面刷新时间与摄像机曝光时间保持一致，能有效去除拍摄黑线和扫描线问题，同时提升显示屏画面的流畅度。

（7）相位偏移：可通过调节控制器的同步输出信号配合摄像机对 LED 显示屏画面的正常采集。

（8）快门适配：同步摄像机的快门速度，使 LED 显示屏自动调节适配摄像机的曝光时间和频率，结合相位偏移，能够有效解决扫描线和黑场问题。

优秀的画面显示效果及与摄像机的高适配度，使得 COEX 控制系统在 XR 虚拟拍摄中可以达到事半功倍的效果。

附录 A

大型项目控制系统的保障要求

目前，LED 显示屏已经广泛应用于体育赛事、文体汇演等大型场景化活动，作为 LED 从业人员，必须掌握大型项目控制系统的保障要求，本附录予以介绍。

一、背景概述

大型项目是指受众影响面极广、标杆意义极强、要求现场万无一失且具有重大意义的一类项目，如冬/夏季奥运会、各卫视春节联欢晚会、建党周年庆典等。

为提升 LED 从业人员在 LED 显示屏大型项目现场保障中的服务质量，提升现场沟通效率，规范服务行为，应明确在现场保障各阶段的作业要求、问题上升机制及现场"红线行为"，以确保项目顺利完成。

二、现场角色说明

参与大型项目现场保障的技术服务人员主要包括以下几种。

（1）LED 显示屏厂方项目负责人。即 LED 显示屏厂方现场的项目经理，负责现场项目施工管理、规划施工方案、制订项目计划并监督各相关部门执行与落实。

（2）控制系统方项目负责人。即控制系统方现场的项目经理，负责组织并召开控制系统端项目会议，与 LED 显示屏厂方的方案对接与协调、识别并管控项目风险、汇总整理项目问题点，对项目实施过程中的质量、进度问题及时纠正，确保项目顺利完成。

（3）控制系统方现场保障负责人。即控制系统方派驻现场进行现场保障的技术负责人，经控制系统方项目负责人授权，负责在现场与 LED 显示屏厂方项目负责人沟通，同时负责控制系统方现场保障技术团队工作的安排与调度。

（4）控制系统方现场保障工程师。即控制系统方派驻现场进行现场保障的技术人员、研发人员（含现场相关设备的开发人员在线保障）。

（5）控制系统方研发对接人。即控制系统方内部负责项目对接的研发人员。

三、现场保障作业规范

1. 现场作业动作分级

现场作业动作分级如表 A-1 所示。

表 A-1　现场作业动作分级

动作分级	分级描述	举例说明
Ⅰ 级动作	控制系统保障团队内部决策可自主执行的现场动作	方案内的必要硬件连接、软件操作等
Ⅱ 级动作	需要经 LED 显示屏厂方项目负责人评估授权后执行的现场动作	因 LED 显示屏厂方需求变更需要做出的必要响应动作； 必要的设备型号的更换，如"A"换"B"； 大范围、大批量的程序升级操作等

2. 现场二级动作的作业流程

现场二级动作的作业流程如图 A-1 所示。

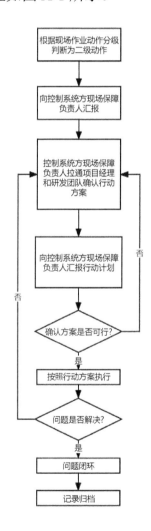

图 A-1　现场二级动作的作业流程

3. 作业规范

1）设备进场阶段

（1）控制系统方现场保障负责人应与 LED 显示屏厂方项目负责人明确项目进

度、要求及交期，明确现场职责分工。

（2）控制系统方现场保障负责人应根据与 LED 显示屏厂方确认好的项目计划，明确控制系统方内部各干系人，做好分工，明确现场保障团队的任务要求及注意事项。

（3）控制系统方现场保障负责人应根据项目方案检查来料清单及状况，包含设备型号、数量、工作状态、软硬件版本、固件程序版本等，控制系统方未经验证的程序版本及软件版本严禁升级到现场设备中。

2）装配调试阶段

（1）控制系统方现场保障工程师应根据方案内容进行对应的设备安装、搭建、线材连接、系统调试。

（2）控制系统方现场保障工程师应根据控制系统方研发对接人提供的现场调试功能列表进行对应功能的逐一测试。

（3）控制系统方现场保障技术团队（包括负责人及工程师）要积极配合 LED 显示屏厂方人员对工程质量进行检查和测试，并虚心接受 LED 显示屏厂方监理的指导。

（4）严禁在现场进行大规模、大批量的固件程序升级操作，若方案中涉及必要的批量程序升级动作，则严格按照二级动作审批流程进行审批。

（5）非必要情况，控制系统方现场保障工程师严禁在现场对批量设备（单个设备以上即批量）做断/上电操作。

（6）如遇到现场 LED 显示屏厂方其他产品与控制系统方设备配合存在风险，则需要第一时间反馈给控制系统方内部项目组评估，将初步结论告知 LED 显示屏厂方项目负责人。

（7）控制系统方现场保障工程师应在每天工作结束之后对控制系统方设备例行巡检，一旦发现问题要及时上报至控制系统方项目负责人处。

（8）现场系统调试必须严格按照初期方案设定调试，如果存在现场硬件变更、箱体接线变更，必须第一时间告知 LED 显示屏厂方用户进行修改，如果用户不愿意修改，那么需要告知用户风险点，重新修改方案图纸，并告知现场保障的其他成员，拉通信息。

（9）对现场使用配件及线材进行编号处理，并且将设备线材编号清单与用户拉通，方便现场在最短时间内锁定所需调试修复的位置。

（10）现场所有设备均需要备份，并且备品在演示前需要提前进行调试，如果现场产生突发情况需要更换设备，必须保证备品换上即用。

（11）控制系统方现场保障人员通过一级动作解决了异常问题后，需要将问题在内部进行反馈，由控制系统方现场保障负责人及控制系统方研发对接人共同分析追溯问题根因，评估问题风险。

（12）控制系统方现场保障人员通过一级动作无法解决异常问题时，需要按照二级动作流程执行。

（13）每日现场调试进度需要告知控制系统方现场保障负责人，由负责人统一汇总后反馈到内部项目沟通群，内部知悉进度及项目存在的问题及风险，并由控制系统方项目负责人将信息对用户方项目负责人进行反馈。

3）彩排汇演阶段

（1）彩排汇演前需要组织所有控制系统方现场保障人员，针对现场指定紧急预案，提前将调试过程中遇到的风险拉通。

（2）控制系统方现场保障团队应严格按照负责人的指令执行现场动作。

（3）控制系统方现场保障团队在此阶段严禁私自执行任何动作。

（4）控制系统方现场保障团队在此阶段严禁拍摄照片、视频上传至网络平台。

（5）每次彩排结束后，控制系统方现场保障团队应对现场设备进行自检，保证下一次彩排时所有设备和功能正常运行。

（6）彩排阶段任何人不得私自离开自己保障的岗位，随身携带对讲设备，确保可以随时联系。

（7）安排控制系统方研发对接人远程在线保障，随时应对现场突发问题。

4．行为规范

（1）控制系统方现场保障团队应保持着装干净整洁、精神饱满。若用户方有特定或统一着装要求，则应按照安排执行着装要求，并佩戴现场身份标识。

（2）要求文明用语，严禁与用户方发生争执或冲突。

（3）要求严格执行项目的保密工作，不得以任何形式向任何人泄露项目信息。

（4）严禁与现场其他人员以任何形式讨论用户方 LED 显示屏的品牌品质、价格等信息。

（5）严禁私自向用户方索要技术服务报酬。

（6）严禁对设备进行任何除方案要求之外的设置动作。

（7）严禁发表任何有损用户方利益的言论。

（8）严禁在现场保障工作进行中进行饮酒或饮酒后作业。

（9）在现场保障过程中禁止进行与工作无关的行为，如吸烟、玩手机等。

（10）合理堆放各类材料及工具，不得侵占现场内道路及安全防护设施。

（11）在控制系统方项目负责人的统一领导下，与同期施工单位和前期施工单位建立密切的协作关系，互相配合、互相支持。

（12）控制室内使用对讲机需要离设备至少 1m，避免无线电波对设备的影响。

（13）控制系统方现场保障人员与用户方负责人确定现场每日到场调试保障时间后，必须准时到达，不许迟到，有突发情况要第一时间告知控制系统方现场负责人及用户方负责人。

5. 安全保障措施

1）人员安全

（1）在现场保障过程中严禁带电操作或未经授权操作强电（包含 220V）。

（2）需要攀高、操作强电、高温等情况的现场，与用户方进行沟通，由用户方专业人员进行操作和实施。

（3）高空作业必须正确佩戴安全帽、安全绳等，在可能有高空坠物的现场，务必全程正确佩戴安全帽。

（4）需要进入屏体维修通道的现场，请用户方提供相应的安全措施，并确保至少一名用户方人员随行。

（5）在夜间进行作业时，确保至少有一名用户方人员陪同。

（6）在现场保障过程中，如遇火灾、强风、暴雨、闪电等突发情况，务必第一时间撤离到安全区域。

2）设备安全

（1）现场应根据情况对设备进行必要的保护，保证其安全稳定运行。

（2）得到授权的设备更换动作严禁在带电情况下进行，如更换接收卡、主板等。